西北干旱区棉花

节水排盐理论与调控技术

李东伟　陈文娟　赵宇龙　田广丽　申孝军　著

黄河水利出版社

·郑州·

内 容 提 要

本书密切结合我国西北干旱区生产实际，对不同灌排技术条件下土壤水盐运移规律及其对棉花生长的影响进行了系统的试验研究。主要内容包括：系统阐明了膜下滴灌土壤湿润范围与棉花根系的匹配关系及其对棉花根系吸水、产量和水分利用效率的影响；探究了膜下滴灌条件下盐分表聚的动态变化过程和土壤水盐运移机制，揭示了盐分聚集速率与水、热、盐之间的相互作用机制；研究了滴灌技术与翻耕措施结合对土壤盐分所产生的调控效果及其对棉花生长的影响；研究了暗管排水对非饱和土壤的排水排盐效果，揭示了微咸水对暗管排水土壤盐分淋洗效果。研究结果为完善西北干旱区灌溉排水技术理论和技术应用提供了科学依据。

本书可供从事灌溉排水工程、农业水土工程技术理论研究的相关科研人员及学者阅读参考。

图书在版编目(CIP)数据

西北干旱区棉花节水排盐理论与调控技术/李东伟等著. —郑州：黄河水利出版社，2023.4
ISBN 978-7-5509-3561-7

Ⅰ.①西… Ⅱ.①李… Ⅲ.①旱作农业-节约用水-应用-棉花-栽培技术 Ⅳ.①S562

中国国家版本馆 CIP 数据核字(2023)第 069466 号

组稿编辑：王路平 电话：0371-66022212 E-mail：hhslwlp@126.com
陈俊克 66026749 hhslcjk@163.com

责任编辑 杨雯惠　　责任校对 韩莹莹
封面设计 李思璇　　责任监制 常红昕
出版发行 黄河水利出版社
地址：河南省郑州市顺河路 49 号 邮政编码：450003
网址：www.yrcp.com E-mail：hhslcbs@126.com
发行部电话：0371-66020550
承印单位 广东虎彩云印刷有限公司
开　　本 890 mm×1 240 mm 1/32
印　　张 6.75
字　　数 200 千字
版次印次 2023 年 4 月第 1 版　2023 年 4 月第 1 次印刷

定　　价 70.00 元

FOREWORD
前　言

中国盐碱地分布较广,最有代表性的是西北盐碱地区。新疆是西北地区面积最大的省份,充分开发和利用新疆盐碱地对扩大中国耕地面积、提高盐碱耕地的生产力水平具有重要意义;同时,对其他地区盐碱地的改良和利用也可以起到良好的示范效应。新疆灌区广泛采用覆膜滴灌(膜下滴灌)技术后,虽然显著提高了作物的产量及水分的利用效率,但也改变了土壤的水盐运移模式,使土壤水盐运移规律表现出新的特点。由于膜下滴灌技术的灌水量小,“浅灌勤灌”的特点使得其在理论上也达不到淋洗脱盐的效果,同时膜下局部土壤湿润区还会限制土壤水分和棉花根系的分布特征;此外,盐分发生水平运移并聚集于地表易形成盐分表聚现象。国内外众多学者对盐碱地开发利用进行了诸多研究,在水资源缺乏和环境保护日益受到重视的背景下,现有的灌排技术参数是否会因为改良措施和盐碱地资源利用而发生相应的改变?迫切需要我们进行系统的研究。

本书密切结合我国西北干旱区生产实际,对不同灌排技术条件下土壤水盐运移及其对棉花生长的影响进行了研究。全书共分为9章,主要内容包括:系统阐明了膜下滴灌土壤湿润范围与棉花根系的匹配关系及其对棉花根系吸水、产量和水分利用效率的影响;探究了膜下滴灌条件下盐分表聚的动态变化过程和土壤水盐运移机制;揭示了盐分聚集速率与水、热、盐之间的相互作用机制;研究了滴灌技术与翻耕措施结合对土壤盐分所产生的调控效果及其对棉花生长的影响;研究了暗管排水对非饱和土壤的排水排盐效果,揭示了微咸水对暗管排水土壤盐分淋洗效果。

由于作者水平有限,书中难免存在一些不足之处,敬请读者朋友批评指正。

作 者

2023 年 2 月

CONTENT
目 录

第1章 绪 论 (1)
1.1 研究背景及意义 …… (1)
1.2 国内外研究现状 …… (3)
参考文献 …… (12)

第2章 膜下滴灌土壤湿润范围对棉花根层土壤水热环境和根系吸水的影响 (14)
2.1 引 言 …… (14)
2.2 材料与方法 …… (15)
2.3 结果与分析 …… (17)
2.4 讨 论 …… (34)
2.5 结 论 …… (36)
参考文献 …… (37)

第3章 土壤带状湿润均匀性对膜下滴灌棉花根系生长及水分利用效率的影响 (39)
3.1 引 言 …… (39)
3.2 材料与方法 …… (41)
3.3 结果与分析 …… (44)
3.4 讨 论 …… (52)
3.5 结 论 …… (54)
参考文献 …… (54)

第4章 膜下滴灌棉花群株根系生态结构对土壤湿润区的响应 (58)
4.1 引 言 …… (58)
4.2 材料与方法 …… (60)
4.3 结果与分析 …… (63)
4.4 讨 论 …… (81)
4.5 结 论 …… (83)
参考文献 …… (84)

第5章 覆膜滴灌条件下的土壤盐分表聚特征研究 (87)
5.1 引 言 …… (87)
5.2 材料与方法 …… (88)
5.3 结果与分析 …… (92)
5.4 讨 论 …… (100)
5.5 结 论 …… (102)
参考文献 …… (102)

第6章 水平翻耕措施对覆膜滴灌土壤水盐分布调控效果研究 (105)
6.1 引 言 …… (105)
6.2 材料与方法 …… (106)
6.3 结果与分析 …… (112)
6.4 讨 论 …… (126)
6.5 结 论 …… (128)
参考文献 …… (128)

第7章 翻耕深度对膜下滴灌棉花生长和冠层小气候的影响 (132)
7.1 引 言 …… (132)
7.2 材料与方法 …… (133)

7.3　结果与分析 ………………………………………… (137)
7.4　讨　论 ……………………………………………… (151)
7.5　结　论 ……………………………………………… (152)
参考文献 ………………………………………………… (153)

第8章　暗管排水与微咸水互作对土壤盐分淋洗的置换效果分析 (156)

8.1　暗管排水与微咸水互作对暗管排水量、排盐量的影响 ……………………………………………… (156)
8.2　暗管排水与微咸水互作对渗流速度的影响 ………… (160)
8.3　暗管排水下微咸水土壤盐分置换效果分析 ………… (162)
8.4　暗管排水与微咸水互作对土壤脱盐率的影响 ……… (163)
8.5　试验结果影响因素分析 …………………………… (165)
8.6　土壤脱盐率模型建立 ……………………………… (168)
8.7　模型应用 …………………………………………… (171)
8.8　讨　论 ……………………………………………… (177)
8.9　结　论 ……………………………………………… (179)
参考文献 ………………………………………………… (179)

第9章　大孔隙流效应对暗管排盐效果的影响试验研究 (182)

9.1　引　言 ……………………………………………… (182)
9.2　材料与方法 ………………………………………… (183)
9.3　结果与分析 ………………………………………… (188)
9.4　讨　论 ……………………………………………… (201)
9.5　结　论 ……………………………………………… (202)
参考文献 ………………………………………………… (203)

第1章 绪 论

1.1 研究背景及意义

新疆总面积约占全国国土总面积的1/6,水资源总量为9.22×10^{10} m^3,多年平均降水量为154.5 mm,仅占全国年平均降水量的23%,总体上属资源型缺水,为典型的大陆性干旱气候,是我国最严重的干旱区。干旱少雨的气候、成土母质含盐等原因导致新疆的盐碱土类型众多且地域分布广泛。据统计,全疆的盐渍土面积有2.2×10^7 hm^2,占全国1/3;在全疆4.08×10^6 hm^2 的耕地面积中,盐渍化面积占全疆低产田总面积的比例高达63%。因此,水资源短缺和土壤盐渍化成为限制新疆地区农业可持续发展的两个重要因素。

中国盐碱地资源开发利用研究取得了很大进展,滴灌技术具有节水、控盐、改善土壤微环境的作用已经被诸多学者所证实[1-3],同时在干旱、半干旱地区还有继续大力推广的趋势。然而,由于膜下滴灌"浅灌、勤灌、湿润区小"的灌溉特点,被认为不能排除作物根区土壤中的盐分,盐分仅仅在生育期被淋洗到湿润区边缘,膜外土壤在地表蒸发作用下形成盐分表聚现象。因此,在膜下滴灌条件下,田间出现独特的"压盐区"与"积盐区"交错分布的现象,这也成为膜下滴灌农田特有的问题(见图1-1)。盐分表聚时,地表土壤中的盐分含量明显增多,下层土壤中的盐分含量明显减少,盐分沿土层深度方向上呈"Γ"形分布,在灌溉技术参数不合理或是灌溉水质不达标的情况下,容易造成土壤次

生盐渍化。

图 1-1 膜下滴灌农田盐分表聚现象

翻耕技术作为处理农田土壤的一种普遍机械手段,可通过调整土壤位置来改变盐分的空间分布,但土壤的盐分表聚现象最终能否被翻耕措施所减缓?仍然是一个需要回答的问题。另外,滴灌条件下,土壤盐分含量随耕种年限的增加呈逐渐降低的趋势,对于这一现象,很多学者都认为是灌溉作用导致的结果,很少有人关注到翻耕作用对膜下滴灌土壤水盐分布的影响。并且,翻耕措施与膜下滴灌技术相结合对土壤盐分的溶解、淋洗所起到的作用探究得还不深入,特别是在"水盐空间交错分布"条件下所起的作用,还没有得到研究成果。而膜下滴灌的田间土壤水盐分布就具有这样一个交错分布的特点,即淋洗场(区)与积盐场(区)不重叠。用翻耕措施来治理这种盐分问题,其中所含的

科学问题及其理论也尚不明确,学术界对此也还没有清晰的定论。

传统的盐碱地改良方法主要是在非生育期利用淡水对土壤盐分进行淋洗,在水资源缺乏和环境保护日益受到重视的情况下,这种方法无疑存在着用水矛盾。干旱区灌溉水源普遍存在水质盐化趋势,对这种水源利用已成为世界各国弥补农业淡水资源短缺的有效手段之一。但是与淡水灌溉改良盐碱地相比,长期采用微咸水进行灌溉可能会增加土壤盐渍化风险。在利用盐碱地和微咸水资源时,暗管排水技术可为土壤中的盐分寻找出路,降低微咸水盐分在土壤中的积累概率,这不仅能为作物生长提供安全的水土环境,还能改变土壤微生物的生存环境,对作物生长和土壤生态稳定提供有利条件。因此,在水资源日益短缺和盐碱地改良需求的背景下,如何最大限度提高水资源利用效率和盐碱地改良效果,以及改善土壤环境和提高作物产量,是干旱区农业可持续发展中迫切需要研究的关键科学问题。

1.2 国内外研究现状

1.2.1 土壤盐分淋洗

土壤盐渍化一直是干旱地区农业生产及生态环境的严重威胁,原有的传统排水系统(排碱渠)无法满足排盐需求,在生产实际中,棉农只能在非生育期采取大水漫灌进行土壤盐分淋洗。土壤盐分淋洗是新疆干旱地区次生盐碱化土壤的一种改良措施,是一种传统盐碱地改良和开发手段,已在世界范围内获得较为成功的应用,尤其是在一些水资源充足的地方,在非生育期进行一年一次的盐分集中淋洗,效果更佳,使得在多年尺度上土壤根区盐分不会出现明显累积,土壤盐碱化趋势可以得到控制。众多学者采用不同灌水技术、数值模型对比分析等方法对作物生育期结束后土壤盐分的淋洗效果进行试验研究,试验结果表明适宜的淋洗水量能够控制和减少根区土壤含盐量[4]。许多学者针对我国新疆、东北、滨海、内蒙古河套等地区冬春灌进行了大量研究[5-8],明确了不同地区淋洗灌水方式、灌水量、灌水时间及其水盐运移

规律。国内学者对冬春灌土壤水分入渗特性[9]及其产生的效应进行了分析[10]，发现灌溉定额的确定依然比较随意，新疆地区用于冬春灌的灌水量占到了棉花灌溉定额的45%左右，加剧了地区水资源紧缺。另外，我国的农田排水重灌轻排的现象十分严重，单纯依靠灌溉不能有效淋洗盐分，只能把表层土壤中的盐分淋洗到较深土层中，形成短时期的盐分平衡，淋洗水量过大会引起地下水位上升，地下水受到污染，易造成灌后土壤的二次返盐。

淡水资源不足和盐渍化是干旱地区农业可持续发展的重要限制因素，而且干旱地区灌溉水源普遍存在水质盐化的趋势。因此，合理开发和利用咸水资源将成为干旱区解决淡水资源短缺的一项重要举措，而如何避免咸水灌溉不当导致的土壤盐渍化，科学合理、高效安全地利用微咸水进行土壤盐分淋洗，一直是微咸水灌溉要解决的核心问题。

1.2.2 微咸水利用对土壤物理性状的影响

农田土壤水盐运移理论起源于达西(Darcy)定律，溶质在土体中的运移主要包括对流和水动力弥散两个过程[11]。Bresler 等[12]对土壤与溶质间相互作用的研究认为，分子扩散和对流过程可以同时出现，它们以相同方向或相反方向发生在土壤溶质的运移过程中，并结合费克(Fick)第一定律推导出了合理的一维土壤溶质运移方程。有研究表明[13-14]，由于多孔介质中的水盐运移同时存在对流、分子扩散和机械弥散三种运移模式，所以，水盐在多孔介质中可出现混合置换现象。

微咸水入渗时，其带入的盐分离子与土壤本身的化学元素及土壤颗粒之间发生相互作用，改变了土壤的物理和化学特性，导致土壤水分和盐分运移特征发生变化，这是微咸水入渗与淡水入渗的本质区别。灌溉水中的盐分对土壤的影响主要表现在对土壤交换性钠和土壤溶液电导率的影响两方面，高矿化度的微咸水能在一定程度上改变土壤的结构特征。适宜的盐分浓度有利于提高土壤团聚体的稳定性、抑制土壤板结、改善土壤入渗性能。土壤结构对土壤的入渗能力、溶质迁移等有直接的影响。

低浓度盐分入渗试验中，非碱土中稳定饱和水力传导度会随着灌

溉水的盐分浓度的增加而减小；灌溉水矿化度的增加能有效地提高土壤的扩散率和饱和导水率。唐胜强等[15]采用1 g/L矿化度的微咸水进行一维降水头积水入渗试验，发现微咸水可增加粉砂土与壤土的饱和导水率。合理利用微咸水灌溉并不会引起棉花减产，而且微咸水中的微量元素对棉花还有一定的增产作用。

在微咸水的安全利用上并未形成共识，微咸水入渗会造成土壤积盐，但整个土壤剖面含盐量并非都会增加，其与土层深度、土壤初始含盐量、土壤含水率的分布和入渗水的矿化度密切相关。长期微咸水灌溉将造成土壤表层盐分累积、土壤理化性质有恶化的趋势、会增加土壤盐渍化风险、抑制作物生长，对土壤生态环境有严重危害性。然而，采用3~5 g/L矿化度的微咸水进行小麦和玉米的补充灌溉时，并未发现土壤积盐现象。另外，采用淡水冲洗和增施氮肥可有效减轻盐分累积及其对作物生长的影响。

1.2.3 暗管排水对土壤水盐运移的作用

通过改良土壤盐碱状况来改善作物根区土壤环境、促进作物生长，是国内外关注的热点问题。“上灌、下排”措施是改良盐碱地的重要方法，广泛用于盐碱地的改良中。暗管排水技术被认为是改良盐碱地的根本措施，具有压盐和控制地下水位的双重功效，且比传统的明沟排水措施节水、节地。国内外学者在暗管排水对盐渍土壤水盐运移的影响方面进行了大量研究，关于暗管排水条件下滤料层的结构问题、土壤盐分分布状况及其对作物生殖生长的影响问题、暗管排水技术参数的模拟和优化等问题均有很多研究成果，在改良农田排水工程中提出了适宜的灌排暗管埋深、暗管间距、淋洗定额等指标，并在我国新疆、宁夏和山东等干旱、半干旱地区以及地下水埋深浅的盐碱区得到了广泛应用。

对于盐碱化程度高的新疆干旱地区，暗管排水技术已经受到政府和众多学者的广泛关注，并对暗管排水条件下微咸水对土壤水盐运移及作物生长的影响进行了研究。相比淡水灌溉来说，在盐碱地改良和微咸水的利用中，更重要的是提高土壤盐分淋洗效率或脱盐效率，以微咸水置换出更多的土壤排盐量，避免因微咸水淋洗灌溉不当而导致的土壤盐渍化。目前,新疆的南疆地区,在制定膜下滴灌棉花的灌溉制度时并未综合考虑非生育期盐分淋洗和生育期膜下滴灌的水分平衡对土壤根区水盐运移规律的影响,二者协同作用下土壤水盐时空动态变化规律均需要进行长期的试验。

综上所述,生产实际中只针对作物需水特性制定灌溉制度,忽略了盐分淋洗的生态需水,导致滴灌过程中并未将盐分排出土体,只能形成短期水盐平衡;但是在土壤蒸发、作物蒸腾的作用下,农田存在返盐的可能性。以往,农田排水关注的问题是排除饱和带中地下水所溶解的盐分,但是在滴灌条件下,作物生育期的土壤大部分时间处在非饱和状态,所以,现有的暗管排水试验结果不足以全面、有效地描述暗管排水排盐过程中的土壤水盐动态和机制。

1.2.4　膜下滴灌土壤水盐运移

探明灌溉技术在改良盐碱土壤中的作用备受关注,在膜下滴灌农田土壤水盐的分布特征方面有研究,分析了膜下滴灌条件下土壤质地、种植模式和滴灌带布置方式、灌溉水水质、灌水量和灌水频次对土壤水流和溶质运移的影响。研究发现滴灌条件下的土壤溶质是随土壤水分以对流的形式运移的,盐分的水平运移距离取决于土壤湿润锋的大小,并指出灌水量和滴头流量是决定土壤湿润区盐分运移的重要因素。膜下滴灌条件下,在棉花生育阶段,增加灌水量有利于土壤脱盐。在相同滴头流量下,灌水量的增加能使土壤的脱盐系数及脱盐区范围增大,有利于土壤盐分淡化区的形成。但是,膜下滴灌的特点是“浅灌、勤灌”,它只能作为田间驱盐的措施,理论上并不能淋洗盐分;土壤盐分会集中到湿润锋边缘处,使膜下根区 40~60 cm 土层盐分累积严重。随着膜下滴灌技术使用年限的延长,土壤次生盐渍化加剧。按照现有的灌溉模式、灌溉制度和水质继续进行灌溉,耕作层土壤将以约 0.36 g/kg 的速度积盐,使农田土壤盐分含量增加,严重威胁到当地农业生产及生态环境。但是关于长期采用膜下滴灌对田间土壤盐分的影响问题存在不同结论,有研究发现在长期膜下滴灌条件下,如果采用正确的灌溉制度和良好的水质,农田土壤盐分含量不会随滴灌技术使用年限而增加。

1.2.5　膜下滴灌农田土壤水盐运移规律及控盐方法

膜下滴灌种植技术是将覆膜种植与滴灌技术相结合的一种节水技术。由于水分入渗范围相对较小,一般仅湿润作物根区范围内的土壤,因此,该技术属于局部灌溉技术。滴灌条件下的土壤水分及盐分运动较为复杂,在入渗过程中,土壤水分主要通过点源入渗方式而运动,属于三维运动过程;该技术使用后,滴灌带下方区域的土壤盐分含量较低,在作物生育期结束后土壤盐分主要聚集在膜间位置。

国内外学者围绕膜下滴灌土壤水盐运移规律及控盐方法等开展了颇多的研究,以田间持水量为参考标准,对新疆滴灌棉田土壤的水盐分布情况开展了试验研究,认为土壤水分下限定得越高,灌水越频繁,土壤剖面会有较高的土壤水分含量和较低的盐分积累。灌水频率主要是通过调节次灌水量影响到土壤中的水盐分布,低频灌溉由于次灌水量较大,可将更多的土壤盐分淋洗出作物根区。若对滴灌水进行磁化处理,既可以提高土壤含水量,促进作物根系对水分的吸收,又可以降低土壤盐分含量,加快土壤盐分的淋洗。农艺措施方面,间作盐生植物能在一定程度上抑制 0~100 cm 土层的盐分含量,提高土壤脱盐率,同时增加棉花产量及水分利用效率;全覆膜处理的保水抑盐作用明显要比半覆膜处理好;施用硫磺后可降低 0~40 cm 土层盐分含量并促进棉花生长。工程技术方面,与明沟排水相比,暗管排水对于降低土壤盐渍化程度效果显著,降盐速度快;膜下滴灌技术结合暗管排水技术有助于改善土壤保水性,减缓深层土壤积盐现象。

此外,农田土壤水盐分布还受到地下水位及水质情况的影响,通过控制农田土壤的地下水位及水质情况,也可达到控制土壤中盐分的目的。受蒸发影响,包气带毛细水上升,可把深层土壤以及地下水中的可溶性盐类带到土壤表层,致使盐分升高。地下水埋深与土壤盐分含量之间存在交互耦合的关系。在地下水浅埋区,表层土壤积盐与地下水埋深之间存在一定关系,在 5~50 cm 土层深度范围内,地下水埋深、地下水矿化度对表层土壤盐分有显著的影响,当地下水埋深为定值时,表层土壤含盐量与地下水矿化度呈线性正相关;当地下水矿化度为定值时，表层土壤含盐量与地下水埋深呈线性负相关；不同地下水埋深条件下，表层土壤含盐量随累计潜水蒸发量的增加而增大，表层土壤积盐速率随地下水埋深的增大而减小；地下水埋深为 25 cm 条件下，表层土壤积盐速率约是地下水埋深为 50 cm 的表层土壤积盐速率的 2 倍多。

综合以上研究结果可知，滴灌条件下土壤水盐分布受不同调控措施的影响变化复杂，且受到诸多因素的影响。另外，不同调控措施对土壤水盐分布的调控效果及原理也不一样。因此，在治理膜下滴灌条件下的土壤盐碱化时，需考虑多方面综合因素的影响。

1.2.6 土壤盐分表聚的影响因素

1.2.6.1 土壤质地

灌水后，不同质地的土壤湿润区及脱盐半径不同，形成的盐分分布规律也会呈现差异。一部分学者认为[16]，黏性土壤颗粒细，水盐垂直运动比较慢，不易返盐，但其水平运动相对较快，使得土壤盐分主要聚集在湿润锋位置；另外一部分学者认为[17-19]，土壤质地决定土壤毛管水上升作用，质地越细的土壤其淋滤性越差，越容易导致土壤盐渍化的发生。土壤质地对蒸发有影响，不同质地土壤毛管分布特征有差异，土壤黏粒含量与蒸发强度之间呈负指数函数关系。不同质地土壤盐碱含量的高低次序分别为重壤土、中壤土、轻壤土、沙壤土及沙质土。在土壤热特性和土壤盐分浓度关系方面的研究表明，沙质土的导热速率大于壤土，而导热率与盐分浓度之间呈幂函数关系。不同质地类型土壤对盐渍化水平有指示，其中，沙壤土对轻度盐渍化土壤有指示作用，黏土对中度盐渍化土壤有指示作用，而沙质土对重度盐渍化土壤有指示作用。沙质土和沙壤土的表层土壤在蒸发作用下都存在积盐现象，土壤质地与稳定状态下的土壤水盐含量密切相关，特别是对表层土壤盐分聚集有显著影响。不同质地土壤的入渗速度不同，质地较轻的土壤入渗速度较快，易将土壤盐分淋洗至下层土壤；土壤质地对入渗后染色区内土壤含水率的分布模式有显著影响，细质地土壤中入渗后染色区内的土壤含水率沿入渗方向逐渐减小，而粗质地土壤中入渗后染色区内的土壤含水率沿入渗方向先增大后减小。

1.2.6.2 灌水量

灌水量对土壤水盐分布规律有重要影响。灌水量过大,会把盐分带入到土壤耕作层底部,产生盐分淋洗;灌水量过小,灌溉结束后的蒸发作用使土壤盐分向上运移,聚集在膜间地表,产生表层盐分聚集。灌水量是决定土壤湿润区盐分运移的重要因素,生育期内,增加膜下滴灌棉田灌水量有利于0~40 cm土层含水量的增加和植株吸水,有利于土壤脱盐,有利于棉花根区土壤盐分的淋洗,将0~20 cm土层的土壤盐分淋洗至30~60 cm土层深度范围内。大定额灌水会改变盐分的自然分布,促进土壤盐分向下层运动。另外,播种后的第一次灌水对土壤盐分的淋洗效果较好,后期灌水作用对土壤总盐含量的影响不大。

1.2.6.3 蒸发强度

土壤盐分运移过程不仅包括盐分随水分入渗的过程,同时也包括水分的蒸散发带动土壤中盐分的返向运动过程。虽然水分下渗可以压盐,但是,地表蒸发也可以将土壤盐分带向表层土壤。Klute[20]在进行土壤水的扩散试验时指出,由于大气蒸发力的存在,除灌水结束后的第一天外,后期土壤水在土层中的运行都是向着地表方向的;在土壤水向地表运移的同时也会挟带一定的盐分进入表层土壤,从而极易产生盐分表聚现象。在灌水量相同时,温度对土壤盐分的影响效果明显,土壤蒸发的强烈程度随温度的升高而增大,提高蒸发强度对表层土壤盐分聚集具有促进作用。环境湿度与土壤蒸发之间也存在联系,湿度的提高可降低土壤水分蒸发量,表层土壤盐分含量也相对较低。不同蒸发强度条件下,蒸发速率随土壤含盐量的增加而降低;另外,在数学模型中考虑土壤水分和盐分运移的温度效应能使模型更准确、更全面地反映土壤盐分运移机制。

1.2.6.4 翻耕

翻耕是农业生产中必不可少的环节之一,翻耕方式及翻耕深度都会对土壤结构、水盐分布及作物产量产生重要影响。深翻能够有效减少土壤的大规模侵蚀,使土壤的渗透率明显提高,同时可提高作物在土壤中的呼吸速率,土壤翻耕后会增加 CO_2 的排放量,翻耕导致的地表土壤破坏还可以增加翻耕区内的地表蒸散量,使土壤更容易出现水分

不足现象。翻耕导致土壤容重降低,对促进棉花根系生长作用明显,低容重下的棉花产量更高。不同翻耕深度对连作滴灌棉田土壤含盐量有明显影响,随着翻耕深度的增加,耕层土壤含盐量降低。盐碱地开垦年限对表层土壤盐分也有明显影响,其中,原生荒漠具有鲜明的土壤盐分表聚特征,土壤中可溶性盐分含量随着开垦年限的增加逐渐降低。深耕措施可以疏松表层土壤、切断毛细管、减少蒸发量、提高孔隙率、加速土壤淋盐和防止返盐,能够有效降低耕层土壤容重和穿透阻力,明显增加降水后或灌溉后的水分入渗。不同耕作方式(免耕、翻耕)对比时,发现翻耕处理的土壤渗透率及渗透深度都明显小于免耕处理的情况。

1.2.7 数值模拟

土壤水盐运移规律是制定灌溉制度的理论依据。由于监测手段有限,田间监测的时空尺度不能反映太多的细节,而且长期监测的成本也较高、预测困难。然而,基于过程模拟的数值模型对这些问题有较好的补充作用。根据实际问题建立的土壤水盐运移的数值模型,利用田间实测数据来检验模型,不仅考虑了不同环境因素(如灌溉制度、灌溉水质等)对土壤水盐运移的影响,而且可在此基础上预测长期膜下滴灌棉田的土壤水盐运移动态趋势。土柱试验和数值模拟方法、修正的对流扩散模型(SOTR)及特征有限元方法、SHAW 模型被用来确定淋洗盐分灌溉定额及灌溉制度。DRAINMOD-S 模型被用来对不同排水系统下的地下水位及排水量进行模拟。在作物模拟方面,国外较多采用 AquaCrop 模型模拟灌溉对棉花生长的影响,国内也有研究利用 AquaCrop 模型对微咸水棉花灌溉进行模拟,结果表明采用微咸水对棉花进行灌溉时,我国河北省低地平原土壤盐渍化存在实际风险。在组合模型使用研究方面,采用 DRAINMOD-S 模型和 AquaCrop 模型对浅水地区土壤水盐运动参数进行了校验,结果表明模拟值与实测值吻合度较高,二者可以较好地描述土壤水盐动态。

1.2.8 盐分胁迫对土壤微生物生存环境的影响

微生物是土壤系统里最活跃和最重要的组成部分,土壤微生物对

环境变化十分敏感，其结构和功能会随着环境条件的改变而发生迅速改变；微生物群落代谢功能的差异可反映土壤质量的变化过程；土壤微生物数量和微生物多样性可作为碱性土壤测试和土壤质量恢复的生物学指标。

土壤的盐渍化不仅直接影响土壤微生物的活性，还能通过改变土壤的部分理化性质间接影响土壤微生物的生存环境，导致土壤微生物种群、数量及活性均与健康土壤有较大差别。国内外针对自然盐渍土壤的微生物群落已经开展大量研究，多数研究认为盐分胁迫对土壤微生物群落及其活性具有负面影响，如抑制微生物生长、使微生物数量减少、造成土壤呼吸作用减弱和酶活性降低。土壤中高浓度的盐分含量还会严重抑制土壤微生物活性和功能的多样性。土壤微生物受到盐分胁迫后，微生物的优势种群的演替和微生态将失衡，细菌比例降低，真菌比例上升。盐分对土壤微生物数量的影响表现为真菌、细菌、放线菌的数量均随土壤盐分的增加而下降。

土壤微生物量和土壤微生物种群数量都与土壤酶活性显著相关，农田土壤中微生物与土壤酶活性之间有较高的相关性，而且土壤微生物活性均受土壤盐分浓度的影响。土壤酶活性对土壤环境因子的变异反应敏感，是评价土壤肥力水平的微生物学指标。盐分抑制土壤微生物活性，土壤呼吸作用随土壤盐度的增加而降低。在盐分胁迫条件下，土壤中微生物数量的减少，势必导致微生物向土壤中分泌的土壤酶数量减少。盐分改变了土壤环境，盐分产生的渗透胁迫及离子毒害都会抑制土壤酶的活性。土壤氮素硝化过程会受到盐分胁迫的抑制，且对硝化作用的抑制随土壤盐分浓度增加而增强。当土壤盐分的浓度低于3%时，盐分对土壤硝化作用的影响不大，但对反硝化的抑制作用增强；当土壤盐分浓度高于3%时，盐分对土壤硝化作用具有一定的抑制。

1.2.9 盐分胁迫对棉花生长的影响

水盐调控的核心目的是为作物生长服务，创造适合作物生长的根区水盐环境，盐分胁迫对植物的直接伤害主要表现在渗透胁迫和离子毒害两方面；作物体内高浓度的离子会造成其生理生化过程受到抑制。

盐分胁迫对棉花胚珠发育、种子萌发、幼苗鲜重、叶面积、光合作用、根系生长等均有不同程度的影响。在盐分胁迫条件下,棉花产量开始降低之前,其气孔导度(或者气孔阻力)、蒸腾速率、光合速率和叶绿素含量等生理指标就已经降低了。当土壤盐度控制在一定范围时,棉花产量不受影响;而当土壤盐度超过 7.7 dS/m 时,棉花产量开始受到影响,每超过耐盐阈值 1 dS/m,其产量降低 5.2%。

棉花生长主要受当地气候、土壤质地、品种差异和种植模式等因素的影响。在不同的环境条件下,棉花对土壤盐分状况的适应能力会有不同,深入研究新疆干旱区土壤水盐状况与棉花生长的作用反馈机制,分析棉花在不同水盐胁迫条件下的生长过程、生理响应特征和产量构成特点,能够为灌排技术生产应用潜力的挖掘提供理论依据。

参考文献

[1] Guan Changkun, Ma Xianlei, Shi Xiaoping. The impact of collective and individual drip irrigation systems on fertilizer use intensity and land productivity: Evidence from rural Xinjiang, China[J]. Water Resources and Economics, 2022(38):1-16.

[2] Thidar M, Gong D, Mei X, et al. Mulching improved soil water, root distribution and yield of maize in the Loess Plateau of Northwest China[J]. Agricultural Water Management, 2020(241):1-19.

[3] Liu H, Wang X, Zhang X, et al. Evaluation on the responses of maize (Zea mays L.) growth, yield and water use efficiency to drip irrigation water under mulch condition in the Hetao irrigation District of China [J]. Agricultural Water Management, 2017(179):144-157.

[4] Qadir M, Ghafoor A, Murtaza G, Amelioration strategies for saline soils: A review [J]. Land Degradation & Development, 2000, 11(6):501-521.

[5] 孙珍珍, 岳春芳, 非生育期春灌灌水量对土壤盐分变化的影响[J]. 水资源与水工程学报, 2015, 26(3): 237-240.

[6] 赵婷婷, 近滨海缺水盐渍区冬小麦返青期灌水对土壤脱盐及产量的影响[J]. 干旱地区农业研究, 2000, 18(4): 31-35.

[7] 李取生, 松嫩平原旱地碱化土壤改良与淋洗制度研究[J]. 水土保持学报, 2003, 17(2): 145-148.

[8] 杨劲松, 姚荣江, 王相平, 等. 河套平原盐碱地生态治理和生态产业发展模式

[J]. 生态学报,,2016,36(22): 7059-7063.

[9] 姚宝林, 李光永, 李发永. 南疆滴灌棉田休闲期土壤入渗特性研究[J]. 中国农业科学,2014,47(22):4453-4462.

[10] 杨鹏年,孙珍珍,汪昌树,等. 绿洲灌区春灌效应及定额研究[J]. 水文地质工程地质,2015,42(5): 29-33.

[11] Rudraiah N,NG C O. Dispersion in porous media with and without reaction:A review[J]. Journal of Porous Media,2007,10(3):219-248 .

[12] Bresler E, Mcneal B L, Carter D L. Saline and sodic soils:Principles-Dynamics-Modeling[M]. Berlin:Springer-Verlag,1982.

[13] Lapidus L,Amundson N R. Mathematics of adsorption in beds. VI. the effects of longitudinal diffusion in ion exchange and chromatographic columns [J]. The Journal of Physical chemistry,1952,56(8):984-988.

[14] Biggar J W,Nielsen D R. Miscible displacement: II. Behavior of tracers[J]. Soil Science Society of America Journal,1962,26(2): 125-128.

[15] 唐胜强, 佘冬立. 灌溉水质对土壤饱和导水率和入渗特性的影响[J]. 农业机械学报,2016,47(10):108-114.

[16] 孙海燕. 膜下滴灌土壤水盐运移特征与数值模拟[D]. 西安: 西安理工大学,2008.

[17] 王佳佳. 负压灌溉下不同质地土壤水盐运移规律研究[D]. 北京: 中国农业大学,2016.

[18] 周和平, 王少丽, 吴旭春. 膜下滴灌微区环境对土壤水盐运移的影响[J]. 水科学进展,2014,25(6): 816-824.

[19] 周和平, 王少丽, 姚新华, 等. 膜下滴灌土壤水盐定向迁移分布特征及排盐效果研究[J]. 水利学报,2013,44(11): 1380-1389.

[20] Klute A. Methods of soil analysis[M]. American Wisconsin Madison:American Society of Agronomy. 1986.

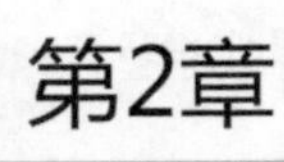

第2章 膜下滴灌土壤湿润范围对棉花根层土壤水热环境和根系吸水的影响

2.1 引　言

膜下滴灌条件下,大的滴头流量产生宽浅型土壤湿润区,小的滴头流量产生窄深型土壤湿润区[1-3]。在种植模式一定的条件下,由于田间土壤湿润范围不同,各行作物的根系吸水难易程度不一致。靠近湿润区边缘的作物耗水困难,而靠近湿润区中心的作物耗水较易,由此使得田间作物生长不整齐[4]。然而,由于水分的热容量较高,在土壤含水率高的区域,土壤增温较慢,不利于作物根系吸水;而在土壤含水率低的区域,土壤增温快,有利于作物根系吸水[5-6]。膜下滴灌情况下,膜下土壤和膜外裸地土壤温度变化不同,造成膜上内行棉株和外行棉株根层土壤温度存在差异[7-8]。李东伟等[9]试验发现,棉花生长初期,膜下土壤温度高于膜外土壤温度;而棉花生长后期,膜外土壤温度高于膜下土壤温度。因此,膜下滴灌作物的根系吸水应该受到根层土壤水热因素的双重影响。本章通过设置不同滴头流量,得到田间不同类型的土壤湿润区,在此基础上试验研究相应的土壤基质吸力和温度分布状况对棉花根系吸水的影响,为膜下滴灌技术设计中确定土壤湿润范围和选择合适滴头流量提供参考,并为发展相应的理论提供试验依据。

2.2　材料与方法

2.2.1　试验地概况

试验于2011年4~10月在石河子大学现代节水灌溉兵团重点实验室进行(85°59′E,44°19′N,海拔415 m)。该地在棉花生长季节(5~10月)的多年平均降水量83.8 mm,相应的蒸发量1 105.4 mm,单次降水量均小于10 mm。试验地地下水埋深在8 m以下,试验小区面积为0.053 hm^2,土壤为轻壤土,物理黏粒含量(粒径<0.01 mm)大于20%,试验小区土壤容重为1.52 g/cm^3,平均孔隙率为35.57%,土壤平均田间持水率为31.52%(体积含水率)。播前土壤初始含盐量为1.21 g/kg。

2.2.2　试验设计

2011年4月17日播种,供试棉花品种均为“惠远710”,干播湿出,行距为30 cm+60 cm+30 cm的宽窄行配置,平均株距为11 cm,如图2-1所示。采用迷宫式薄壁滴灌带滴水,滴头间距为30 cm,最大滴头流量为2.8 L/h,相应的滴头工作压力为10 mH_2O。为获得不同土壤湿润区形状,采用文献[3]的试验处理方法,将若干条滴管带并在一起放置在膜下宽行中心处,如图2-1所示,各条滴灌带上的滴头相互对应,使膜下各滴水点上的滴头数增加,相当于获得大的组合滴头流量。试验中分别布置1条滴灌带、2条滴灌带和3条滴灌带,根据每个试验处理小区分水阀门下游的压力表,调控分水阀门使压力稳定,得到各处理相应的组合滴头流量:1.69 L/h、3.46 L/h和6.33 L/h,获得3种土壤湿润区类型,分别标注为:W169、W346和W633,其中,W169是窄深型土壤湿润区,W633是宽浅型土壤湿润区,而W346土壤湿润特点介于前两者之间。

各处理的灌水量以及施肥方案完全相同,仅仅是滴水点上的组合滴头流量不同。棉花生育期灌水定额及次数如表2-1所示。其中生育期灌溉定额为1 838.9 m^3/hm^2,灌水10次,每次灌水历时5~12 h不

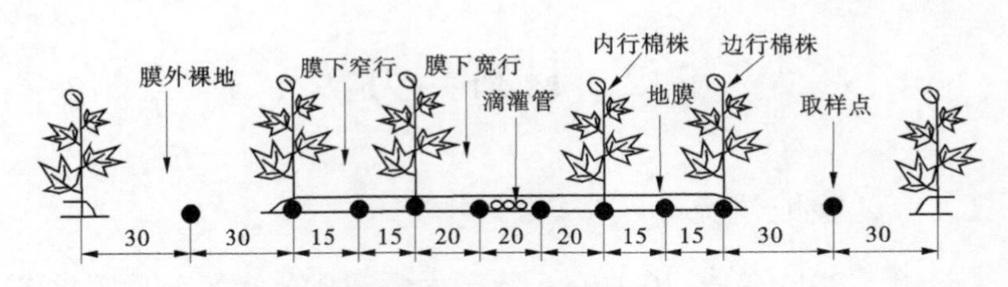

图 2-1 膜下滴灌棉花种植模式示意图 (单位:cm)

等,灌水前后加测土壤水分和土壤温度。棉花生育期内共施尿素 780 kg/hm^2、磷酸二氢钾 311.25 kg/hm^2,采用随水施肥方式分 9 次施入。

表 2-1 膜下滴灌灌溉制度

生育阶段	苗期	蕾期	花铃前期	花铃后期	吐絮期
灌水定额/(m^3/hm^2)	405	303.7	486	344.2	300
灌水次数/次	1	2	4	2	1

2.2.3 测试项目与方法

定苗以前采用烘干法测土壤含水率,每隔 6 d 测定一次,从地面每 10 cm 土层取一土样,测定深度为 60 cm。定苗后,地面 0~30 cm 深度土壤含水率采用烘干法测定,地面 30 cm 以下深度采用 503DR.9 中子水分探测仪测定,每个处理埋设 5 根中子铝管,分别布置在膜下宽行、膜下窄行中心和膜外裸地中心,每 10 cm 土层读一次数,测定深度为 130 cm,每 3 d 观测一次。

土壤温度采用 RSW-1 型热敏电阻数字温度计测定,每个处理埋设 3 组温度探头,分别埋设在宽、窄行中心和膜外裸地中心距中子铝管 20 cm 处;温度探头埋设深度距地表 0、5 cm、10 cm、15 cm、20 cm、30 cm、40 cm。温度读取时间与土壤含水率的测定同一天进行,每次在北京时间 10:00 和 18:00 观测。

棉花根系采用根钻法取样,分别在棉花苗期、蕾期、花铃期和吐絮期取样。取样点位置分布如图 2-1 所示。各处理取样重复 3 次。土层深度方向上每 14 cm(钻孔深度)取一层,直至 70 cm 土层处,2011 年最

大取样深度为 84 cm。取出的棉花根样在水中浸泡 24 h 后，用 0.5 mm 筛子捡出棉根，在烘箱 65 ℃下烘干至恒重，再将根系铺在有对照长度的白纸上，用相机分别照得相片，用 R2v 和 Photoshop 软件得到根长，除以各层土样体积，得到根长密度。

生育期结束后，取原状土，采用 1500F1 压力膜仪测定土壤水分与基质吸力的关系，拟合出土壤水分特性曲线：

$$S = 6\,360.978\,3 \times e^{-36.814\,213 \times \theta_v}, R = 0.999\,91 \tag{2-1}$$

式中　S——土壤基质吸力，bar[1]；

θ_v——土壤体积含水率，%。

以滴灌管铺设位置为对称轴，将两边各测点所测得的数据对应求平均值，分析土壤基质吸力、土壤温度和根系吸水；其中，距滴灌管 90 cm 处是膜外裸地中心位置、45 cm 处是膜下窄行中心位置、0 cm 处是膜下宽行中心位置。

2.3　结果与分析

2.3.1　土壤湿润区对土壤基质吸力分布的影响

由于春季融雪入渗较深，花铃期前棉田深层土壤含水率较高；进入花铃期后棉花处于耗水高峰期，土壤水分主要依靠灌溉补充，随着灌水次数的增多，灌溉水在根区土壤中的分布主要受灌水方式的影响，本试验条件下，灌水定额相同时，随滴头流量的增大，土壤湿润区形状由窄深型变为宽浅型，而土壤基质吸力分布与土壤湿润区类型相对应（见图 2-2）。

从图 2-2 可以看到，土壤湿润区 W169 的膜外裸地和膜下窄行土壤基质吸力始终较大，同时宽行及其下层土壤基质吸力较小，说明其土壤湿润区是窄深型。土壤湿润区 W633 的膜外裸地土壤基质吸力初期较大，后期很小，而且后期膜下及膜外整个 0～30 cm 土层的土壤基质吸力都变小，而下层土壤基质吸力逐渐变大。这说明随着滴灌的持续，

[1] 1 bar = 1 000 kPa。

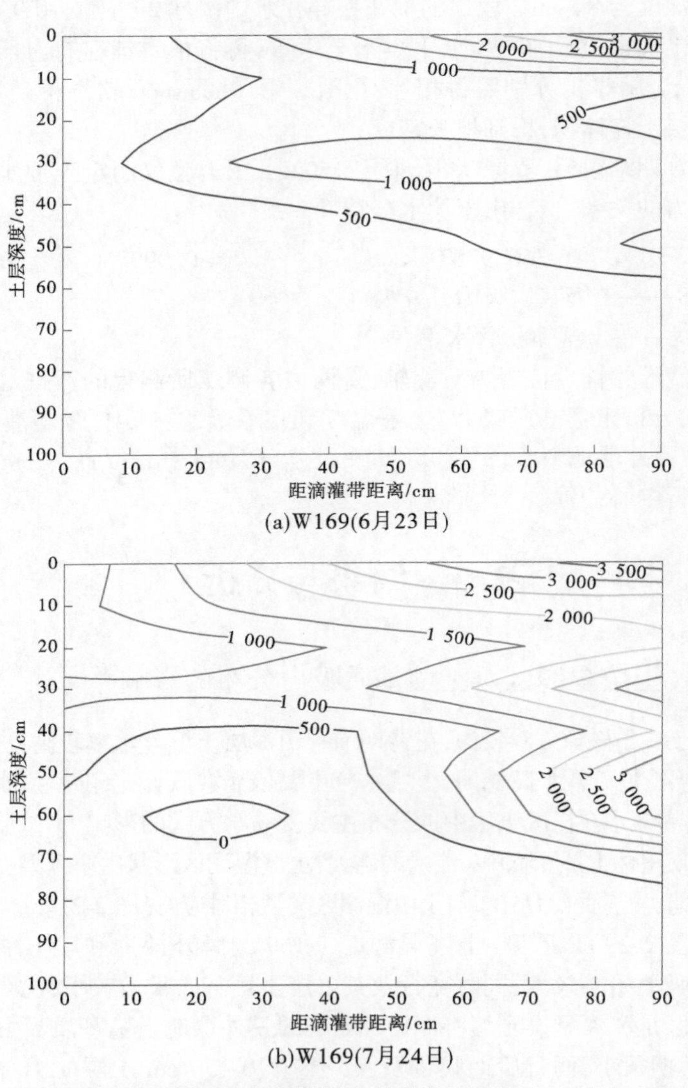

(a)W169(6月23日)

(b)W169(7月24日)

图2-2 不同土壤湿润区类型下土壤基质吸力分布 (单位:kPa)

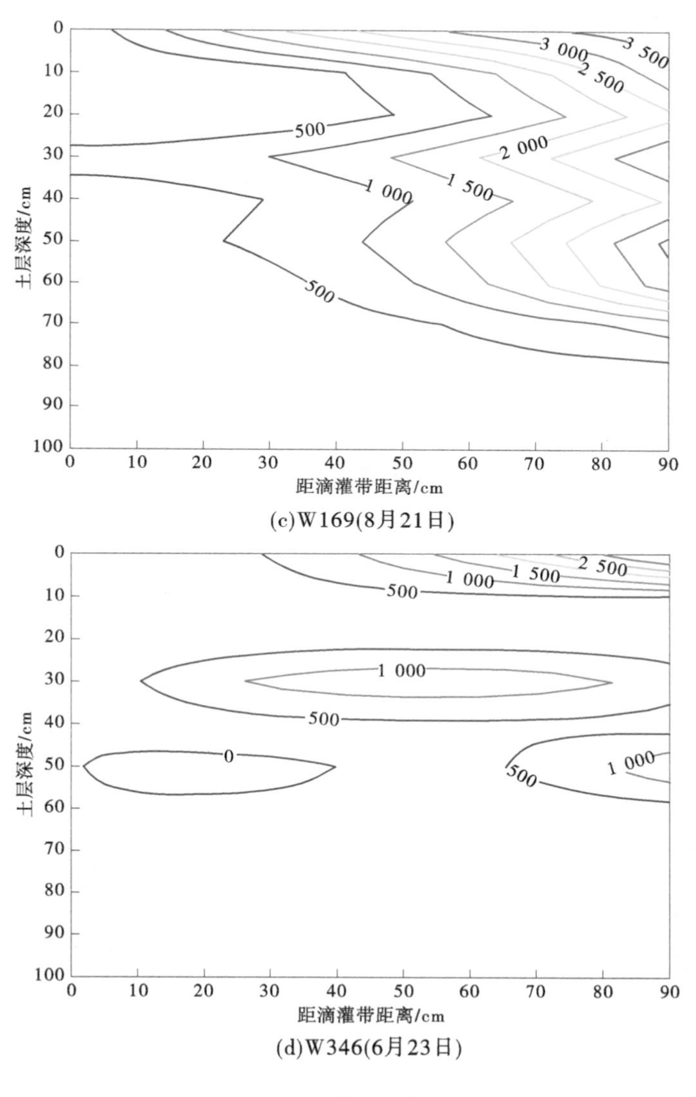

(c)W169(8月21日)

(d)W346(6月23日)

续图 2-2

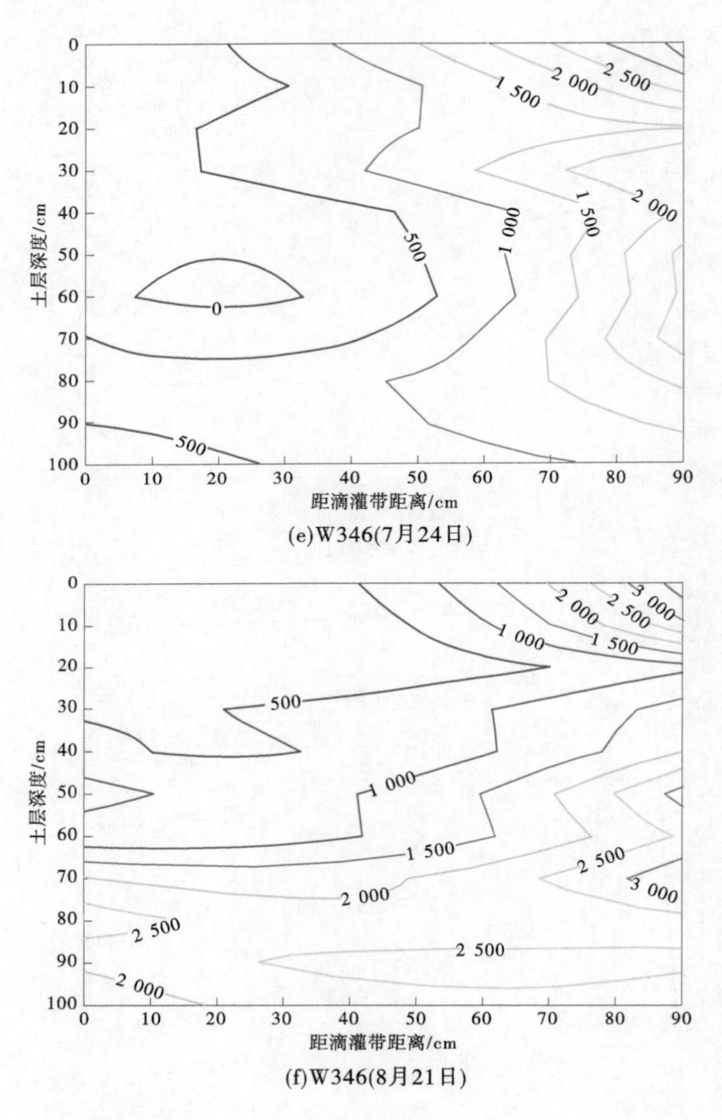

(e) W346(7月24日)

(f) W346(8月21日)

续图 2-2

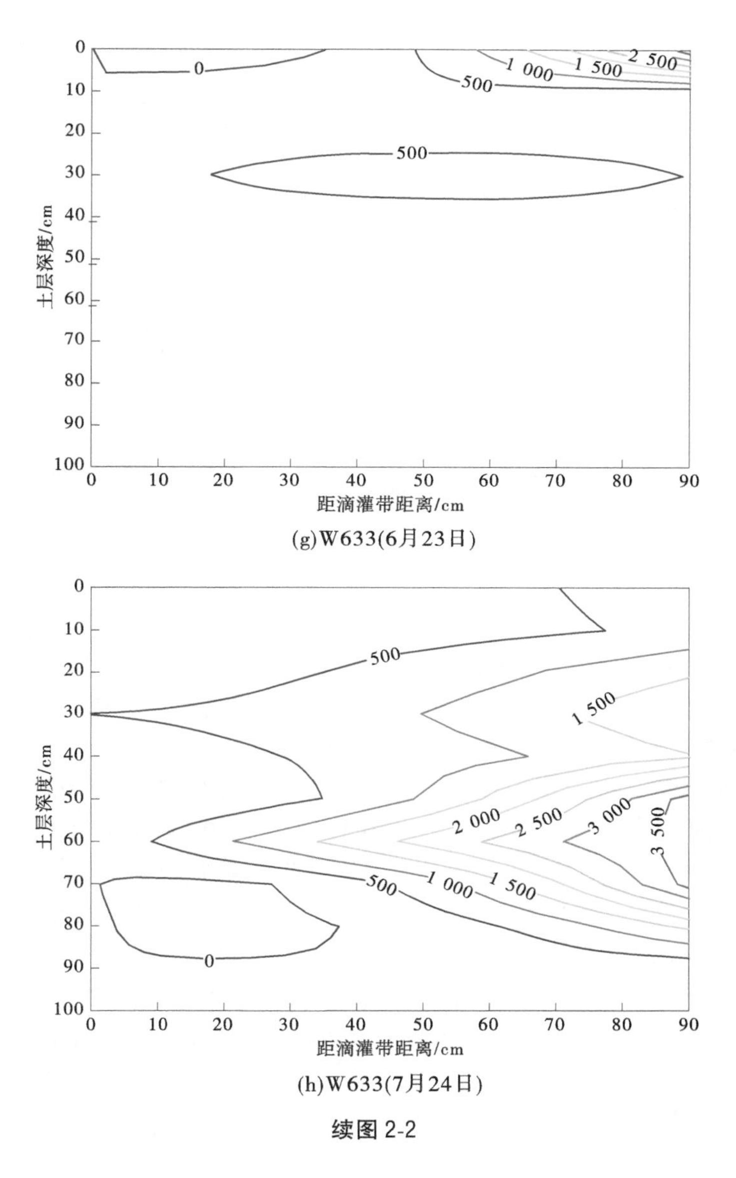

(g)W633(6月23日)

(h)W633(7月24日)

续图 2-2

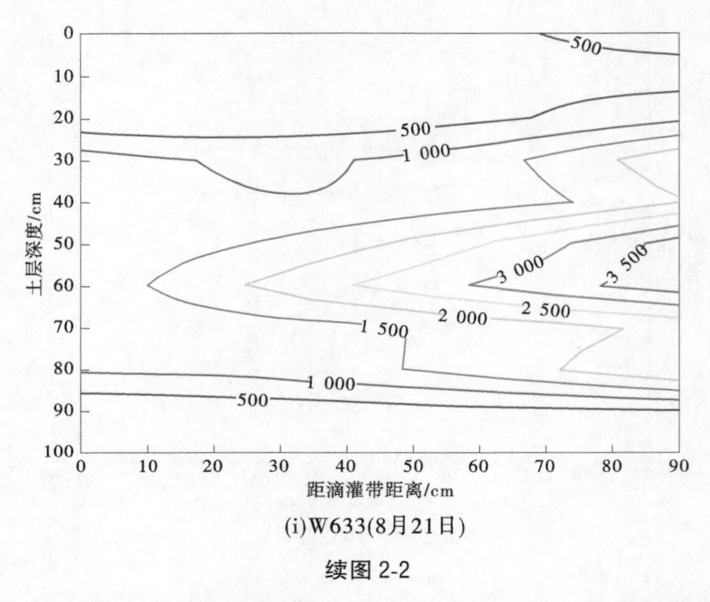

(i)W633(8月21日)

续图 2-2

W633 的土壤湿润区越来越宽浅。土壤湿润区 W346 的土壤基质吸力时空变化基本介于土壤湿润区 W169 和土壤湿润区 W633 之间。

文献[10]试验得出膜下滴灌棉花适宜土壤含水率(相对田间持水率)下限,苗期为 55%、蕾期为 60%、花铃期为 75%、吐絮期为 55%。根据本研究测得的土壤田间持水率和式(2-1)换算出膜下滴灌棉花适宜土壤基质吸力下限:苗期为 1 076 kPa、蕾期为 602 kPa、花铃期为 106 kPa、吐絮期为 1 076 kPa。以蕾期和花铃期的适宜土壤基质吸力下限为标准评价土壤湿润区可以发现,W169 土壤湿润区的内行棉株处在土壤有效含水率范围内,而外行棉株则处在水分胁迫状态下。但是 60 cm 土层以下的土壤基质势较高,不对棉株根系吸水造成胁迫,可使根系向深层生长,当然这明显存在深层渗漏现象。W633 土壤湿润区的膜上内行和外行棉株都处在土壤有效含水率范围内,棉花根系主要集中在这一区域。

2.3.2　土壤湿润区对土壤温度分布的影响

由于水分热容量高,当土壤含水率增大时,土壤温度增幅减小,土壤升温慢,但是土壤的导热率增加[5]。以每个观测日上午 10:00 的土壤温度进行研究(见表 2-2)发现:不论是膜外裸地还是膜下土壤,3 种土壤湿润区的地表温度基本上都大于下层温度;另外,膜外裸地的土壤温度基本上都高于膜下。膜外裸地(距滴灌管 60~90 cm)和膜下宽行(距滴灌管 0~30 cm)的地表土壤温度次之。但是,膜外裸地的土壤含水率最低,膜下宽行的土壤含水率最高。说明,土壤含水率对地表土壤温度影响不显著。

表 2-2　不同土壤湿润区类型的土壤温度分布(每日上午 10:00 观测)

单位:℃

土壤湿润区类型	深度/cm	7 月 20 日			7 月 24 日			7 月 27 日		
		膜外裸地	膜下窄行	膜下宽行	膜外裸地	膜下窄行	膜下宽行	膜外裸地	膜下窄行	膜下宽行
W169	0	25.25	23.5	22.6	29.2	29.15	27.85	25.75	25.3	25.05
	5	25.3	23.3	22.95	26.15	26.85	27.05	25	24.6	24.6
	10	24.2	23.55	22.9	26.2	26.25	25.85	24.4	23.8	24
	15	23.9	23.35	22.95	26.45	24.9	25.25	25.2	23.4	23.65
	20	24.2	23.4	22.45	25.65	23.95	24.3	23.1	23.25	22.75
	30	23.6	23.1	22.8	23.95	23.5	23.7	22.7	23.3	23.4
	40	23	22.95	22.45	23.35	23.15	23.1	23.25	23.4	22.45
W346	0	25.6	24.25	23.65	30.4	31.15	29.85	26.25	23.7	25.6
	5	23.4	23.7	23.35	28.2	27.85	28.25	24.8	25.15	25.5
	10	24.2	23.45	23.1	27.45	26.25	26.05	25.05	24.3	23.75
	15	23.9	23.5	22.95	26.2	25.4	25.65	24.55	23.65	24.15
	20	23.15	22.85	22.9	25.45	24.55	24.95	23.8	23.55	23.95
	30	23.35	22.6	21.75	24.15	23.9	23.6	23.8	23.6	23.5
	40	23.15	22.7	22.3	23.6	23.05	23.2	23.65	23.6	23.25

续表 2-2

土壤湿润区类型	深度/cm	7月20日			7月24日			7月27日		
		膜外裸地	膜下窄行	膜下宽行	膜外裸地	膜下窄行	膜下宽行	膜外裸地	膜下窄行	膜下宽行
W633	0	25. 45	26. 9	24. 25	34. 8	29. 9	31. 2	28. 15	25. 2	26. 55
	5	24. 3	24. 7	23. 25	28. 65	28. 25	28. 6	25. 35	24. 85	25. 35
	10	24. 35	22. 45	23. 05	26. 95	25. 45	26. 6	24. 7	23. 25	24. 55
	15	24. 15	22. 4	22. 35	26. 15	25. 65	25. 8	24. 45	23. 8	22. 3
	20	24	23. 5	22. 55	25. 45	24. 85	25. 1	24. 1	23. 8	23. 85
	30	24. 45	23. 15	22. 35	24. 5	24. 1	23. 8	24. 05	24. 6	23. 75
	40	22. 7	22. 4	22	23. 7	23. 05	23. 55	23. 65	22. 9	21. 5

就膜外裸地的土壤温度(3次观测结果的平均值)而言,地表温度和5 cm土壤温度均随滴头流量的增大呈增加趋势;10 cm和40 cm处,W346湿润体的土壤温度最高,W169湿润体的土壤温度最低;15 cm处,W169湿润体的土壤温度最高,W346湿润体的土壤温度最低;20 cm处,W633湿润体的土壤温度最高,W346湿润体的土壤温度最低;30 cm处,土壤温度均随滴头流量的增大而增加;地表下5~40 cm土层平均土壤温度,以W633湿润体的土壤温度最高(24. 76 ℃),W346湿润体的土壤温度次之(24. 55 ℃),W169湿润体的土壤温度最低(24. 42 ℃)。

就膜下窄行的土壤温度(3次观测结果的平均值)而言,地表下0、5 cm、20 cm和30 cm处土壤温度均随着滴头流量的增加而增加;10 cm和15 cm处,W346湿润体的土壤温度最高,W169湿润体的土壤温度最低;40 cm处,土壤温度均随滴头流量的增大而降低;地表下5~40 cm土层平均土壤温度,以W346湿润体的土壤温度最高(24. 09 ℃),W633湿润体的土壤温度次之(24. 06 ℃),W169湿润体的土壤温度最低(23. 89 ℃)。

就膜下宽行的土壤温度(3次观测结果的平均值)而言,地表下0、

5 和 10 cm 处土壤温度均随着滴头流量的增加而增加；15 cm 和 40 cm 处，W346 湿润体的土壤温度最高，W633 湿润体的土壤温度最低；20 cm 处，W346 湿润体的土壤温度最高，W169 湿润体的土壤温度最低；30 cm 处，W346 湿润体的土壤温度最低，W169 和 W633 湿润体的土壤温度基本相当；地表下 5~40 cm 土层平均土壤温度，以 W346 湿润体的土壤温度最高（24.01 ℃），W633 湿润体的土壤温度次之（23.91 ℃），W169 湿润体的土壤温度最低（23.70 ℃）。

地表 20 cm 以下深度的土壤温度受到土壤含水率影响较明显。W169 土壤湿润区的膜下宽行的土壤含水率高于膜下窄行和膜外裸地的土壤含水率，所以，其膜下窄行和膜外裸地 20 cm 以下深度的土壤温度明显高于膜下宽行同深度土壤温度，温度均差值分别为 1.1 ℃和 1.2 ℃。W633 土壤湿润区的膜下窄行和膜外裸地 20 cm 以下深度的土壤温度与膜下宽行同深度土壤温度相差不太明显，温度均差值分别为 0.6 ℃和 0.5 ℃。说明，宽浅型湿润体的土壤温度均略高于窄深型土壤湿润体，而且随土壤含水率的增高呈降低趋势。

2.3.3　土壤湿润区对棉花根系分布的影响

根系是作物吸收水分和养分的重要器官，它在土壤中的分布具有向水性。实际上影响根系分布的重要因素不是土壤含水率，而是土壤基质吸力[11]。因为根细胞只有吸收到土壤中的水分才能保证其生长，如果土壤基质势很低，即便土壤含水率较高，作物根系也难以吸收。滴灌是局部湿润土壤，窄深型土壤湿润区的膜下各行土壤基质势较低，不利于棉花根系吸水；而宽浅型土壤湿润区的膜下各行土壤基质势较高，有利于棉花根系吸水。

7 月 22 日根系观测结果（见图 2-3）表明，3 种类型土壤湿润区的棉花根长密度最大值基本上都集中在膜下宽行中心 30~40 cm 处。一方面，膜下宽行中心的土壤基质吸力最小，有利于根系吸水；另一方面，滴灌条件下棉花根系分布较浅，其主要吸水层深度集中在 30~40 cm 处[3]。然而，不同类型土壤湿润区使得棉花根系在膜下土壤中的分布存在明显差异。

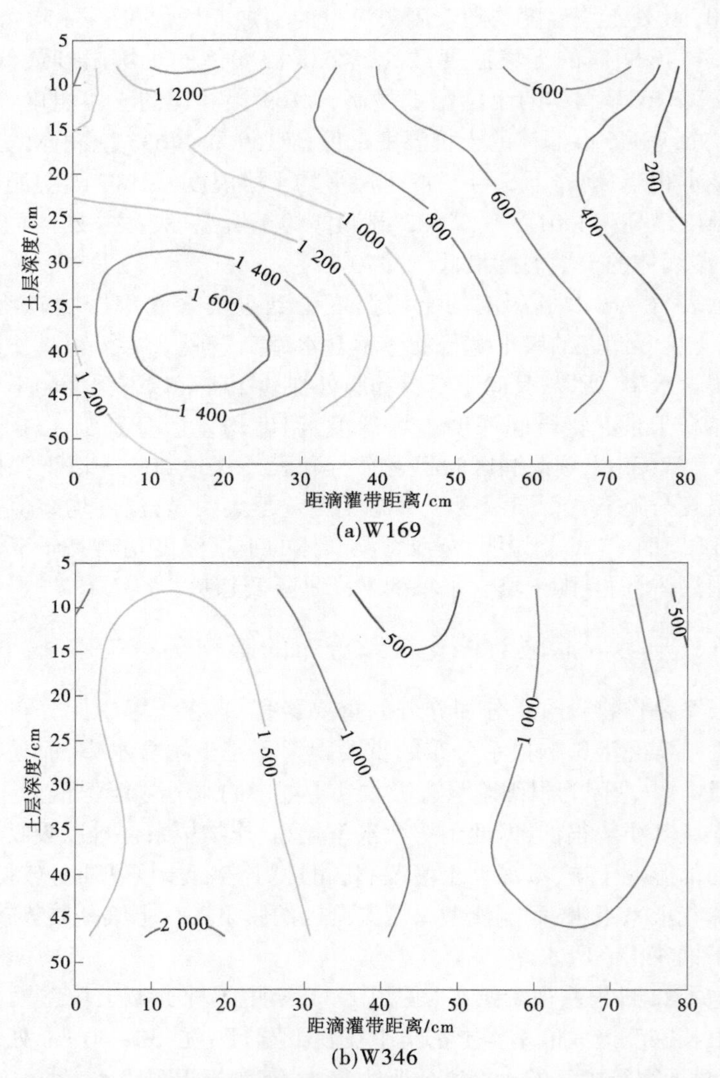

图 2-3　7 月 22 日不同土壤湿润区类型对应的棉花根长密度分布　（单位：m/m^3）

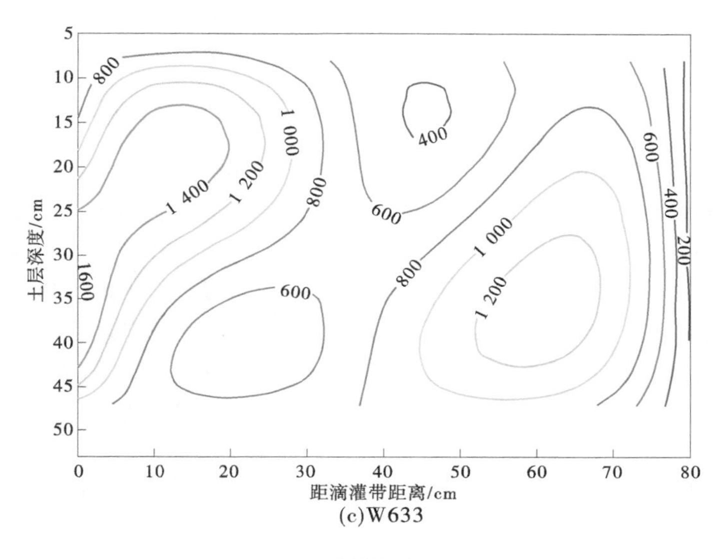

(c)W633

续图 2-3

W169 土壤湿润区的外行棉株所在位置的土壤基质吸力较大[见图 2-2(b)],根系生长困难,所以,膜下窄行土壤中的根长密度很小,而膜下宽行土壤中的根长密度最大,整个膜下土壤中只形成一个根长密度峰值[见图 2-3(a)];7 月 22 日(棉花花期)膜下宽行、膜下窄行土壤中根长密度差值平均为 627.55 m/m^3。

W633 土壤湿润区的外行棉株所在位置的土壤基质吸力比起 W169 土壤湿润区的同类指标小很多[见图 2-2(h)],棉花根系能够在此生长,所以,整个膜下土壤中形成两个明显的根长密度峰值[见图 2-3(c)],当然,膜下宽行土壤中的根长密度峰值最大;7 月 22 日(棉花花期)膜下宽行、膜下窄行棉花根长密度差值平均为 335.62 m/m^3。

W346 土壤湿润区的棉花根长密度分布基本处于 W169 和 W633 土壤湿润区的根长密度分布形式之间,在整个膜下土壤中大致形成两个根长密度峰值[见图 2-3(b)],其中膜下窄行土壤中的根长密度峰值不如 W633 土壤湿润区的同类指标明显;7 月 22 日(棉花花期)膜下宽行、膜下窄行棉花根长密度差值平均为 417.60 m/m^3。

从膜下土壤根系分布可以看出,滴灌土壤湿润区越宽,膜下土壤基质吸力分布越均匀,而且基质吸力越小,导致根系分布越均匀。

2.3.4 土壤湿润区对各行间棉株根系吸水的影响

植物根系吸水除受冠层蒸腾强度影响外,还受到根系分布状况和土壤水势状况的影响[11-12],由于滴灌土壤湿润区改变了膜下土壤基质势分布,进而改变了棉花根系分布状况,所以,对各行间棉株的根系吸水分布也有影响。另外,土壤水分运动受到土壤温度影响[13];土壤温度升高将使导水率增大,有利于根系吸水。本书试验采用膜下滴灌,棵间蒸发可不考虑,因此根区土壤耗水强度可近似认为根系吸水强度。

不同土壤湿润区类型下根区土壤时段平均耗水强度分布如图 2-4 所示。

3 种处理中都是膜上内行棉株的根系吸水强度最大,膜上外行棉株的根系吸水强度较小。但是,W169 土壤湿润区的膜上内行棉株的根系吸水强度与外行棉株的根系吸水强度相差最大,其均差值为 0.88 mm/d,这是导致该处理下内、外行棉株长势不均匀的主要原因。相比之下,W633 土壤湿润区的膜上内行棉株的根系吸水强度与外行棉株的根系吸水强度相差较小,其均差值为 0.67 mm/d,表明该处理下的内、外行棉株根系吸水相对较均匀,这也是该处理下内、外行棉株长势较均匀的原因。

3 种处理的根系吸水强度最大值基本上都在 0~30 cm 土层深度范围内,随着土层深度增大,根系吸水强度减小。但是,W169 土壤湿润区的棉株根系吸水强度随土层深度增大而减小的幅度大于 W633 土壤湿润区的相应指标。对同一深度的根系吸水强度求平均值,得到根系吸水强度随土层深度变化的模型,如式(2-2)所示。

$$S_r = \frac{1}{a + b \times Z + c \times Z^2} \tag{2-2}$$

式中 S_r——根系耗水强度,m/d;

Z——土层深度,cm,$Z \geqslant 0$;

a、b、c——回归系数。

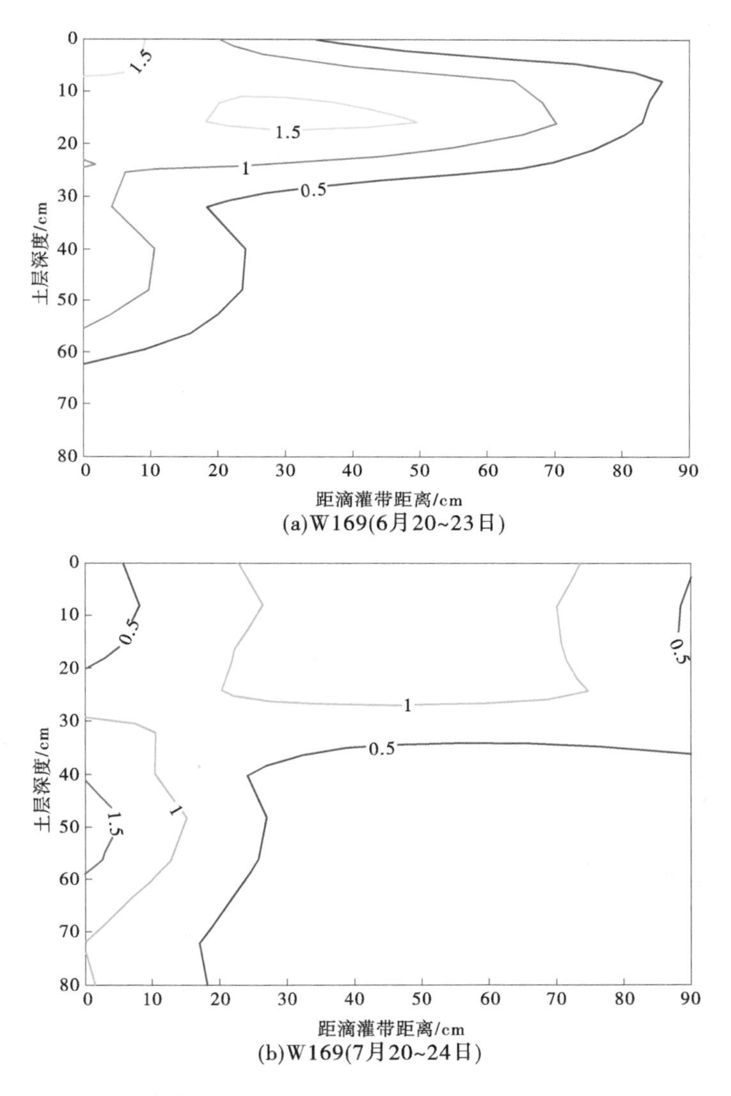

(a)W169(6月20~23日)

(b)W169(7月20~24日)

图2-4 不同土壤湿润区类型下根区土壤时段平均耗水强度分布 (单位:mm/d)

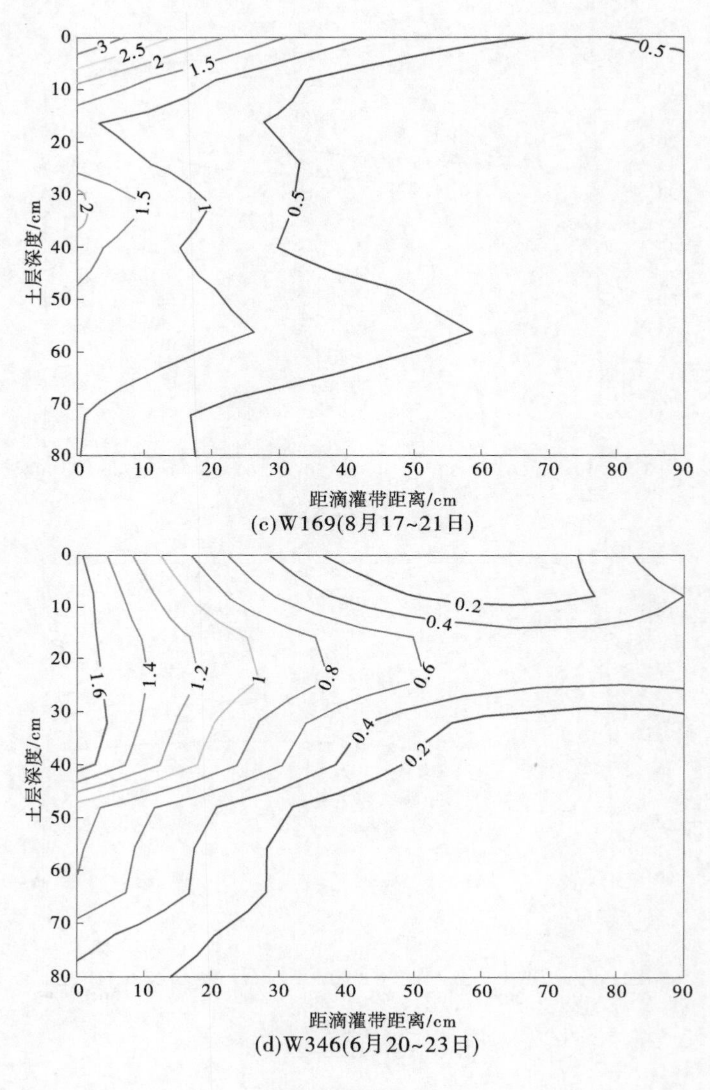

土层深度/cm
距滴灌带距离/cm
0
10
20
30
40
50
60
70
80
90
3
2.5
2
1.5
1
0.5
(c)W169(8月17~21日)
1.6
1.4
1.2
0.8
0.6
0.4
0.2
(d)W346(6月20~23日)

续图 2-4

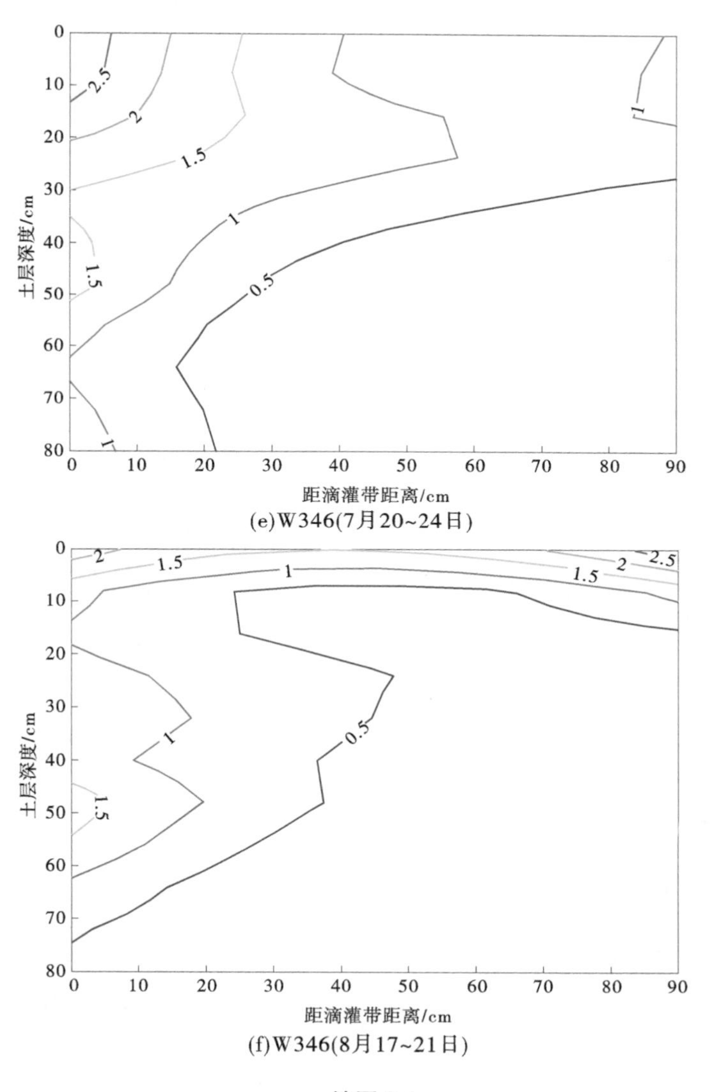

(e)W346(7月20~24日)

(f)W346(8月17~21日)

续图 2-4

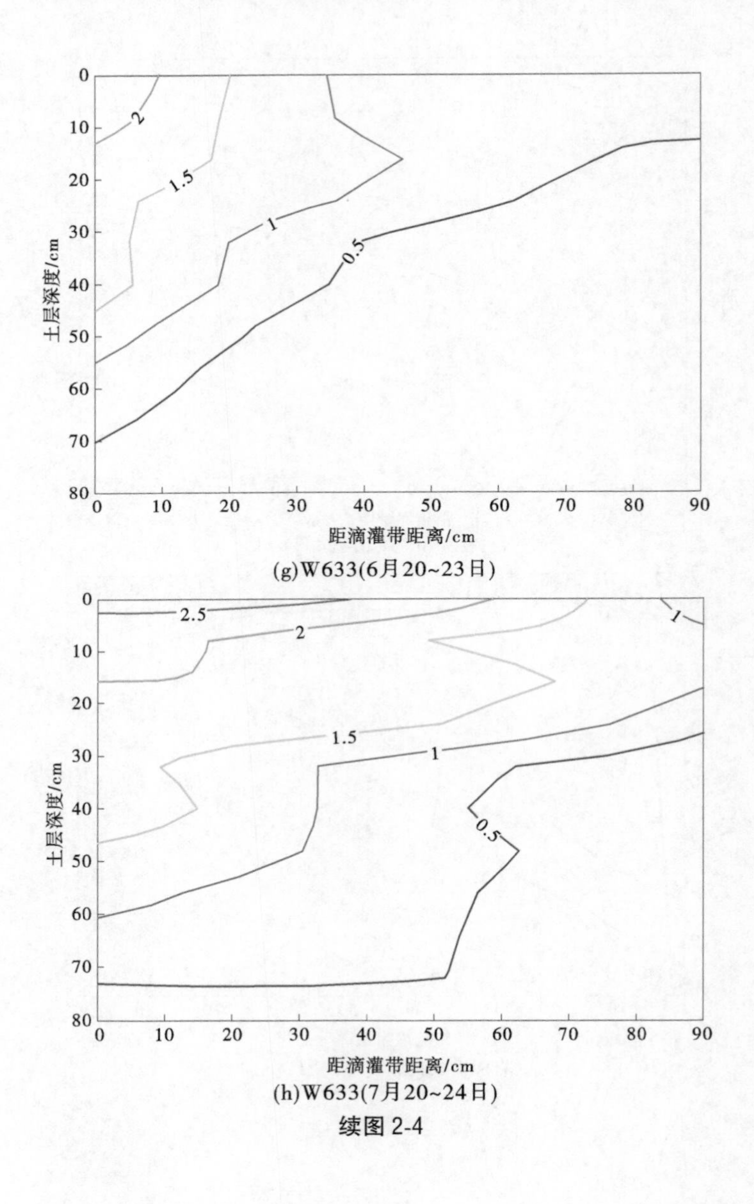

(g)W633(6月20~23日)

(h)W633(7月20~24日)

续图 2-4

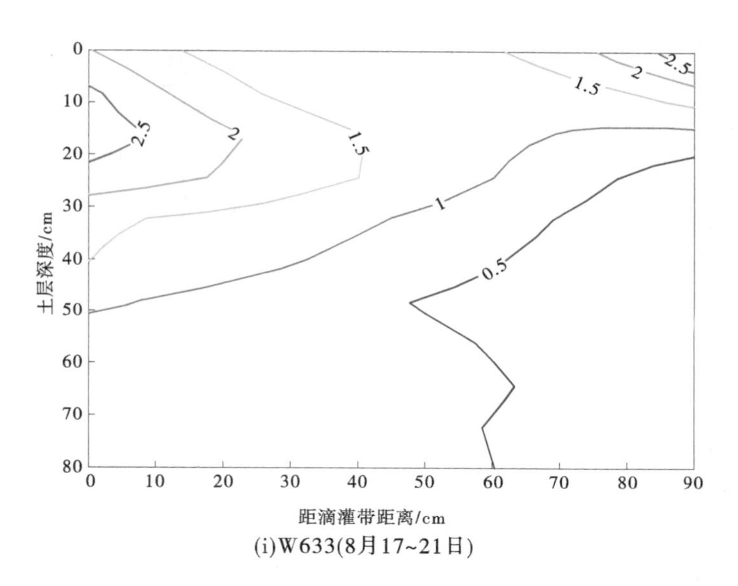

(i)W633(8月17~21日)

续图 2-4

回归方程中各项系数如表 2-3 所示。

表 2-3　根系耗水强度随土层深度变化的方程系数

测试时段	系数	土壤湿润区类型		
		W169	W346	W633
6月 20~23日	a	1. 166 864 9	1. 431 577 5	0. 708 912 47
	b	−0. 032 257 788	−0. 049 260 464	0. 001 974 129 6
	c	0. 001 793 268 4	0. 001 444 529 5	0. 000 737 692 02
	拟合系数 R	0. 938 5	0. 971 5	0. 981 6
7月 20~24日	a	1. 615 997	0. 612 758 3	0. 542 352 64
	b	−0. 030 353 095	−0. 004 736 391 5	−0. 001 356 348 8
	c	0. 000 649 740 86	0. 000 598 704 29	0. 000 469 199 82
	拟合系数 R	0. 804 5	0. 985 6	0. 975 2

续表 2-3

测试时段	系数	土壤湿润区类型		
		W169	W346	W633
8 月 17~21 日	a	2.083 596 1	0.456 040 68	0.498 364 28
	b	−0.044 977 784	0.065 709 01	0.001 017 851 8
	c	0.000 673 817 38	−0.000 388 544 3	0.000 463 823 67
	拟合系数 R	0.742 8	0.955 2	0.988 0

W169 土壤湿润区的根系耗水模型系数 a、c 大于 W633 土壤湿润区的相应指标，说明前者不仅表层根系吸水强度小于后者的值，而且其根系吸水强度随土层深度而减小的幅度较后者的相应指标大，则前者的浅层土壤水的利用率较后者的低。

3 种处理的棉花根系吸水强度分布与土壤温度分布不对应，甚至与棉花根长密度分布形式也不对应，但是与土壤基质吸力的分布形式对应得很好，土壤基质吸力小的地方，根系吸水强度大，这说明在局部湿润土壤的条件下，决定根系吸水的最主要因素不是土壤温度，而是土壤基质势状态。

2.4 讨 论

滴灌条件下，较大的土壤湿润区可以使田间作物生长均匀[3]，然而，较高的土壤含水率也可使土壤升温较慢，不利于作物根系吸水。但是，在覆膜条件下，地膜不仅阻隔了土壤与大气之间的水分交换，也影响土壤与大气之间热交换的正常进行，白天土壤接受太阳辐射，使土壤升温；夜间虽然没有太阳辐射，却有地膜阻碍土壤向大气进行热量散失[14-15]。尽管土壤含水率高时土壤升温慢，夜间保温效果却很好，因此整体上膜下土壤温度是升高的。本研究没有发现因土壤湿润区宽而导致膜下土壤温度降低的现象，说明通过改变灌溉水在膜下根区土壤中的分布，可以有效调节土壤温度，有利于棉花根区水热环境。

试验中发现，地表5~40 cm土层平均土壤温度最高值均出现在膜外宽行，其次为膜内窄行，膜下宽行的土壤温度最低。这是因为造成土壤升温的主要因素是光照和土壤水分，膜外裸地土壤受光照较多而且土壤含水率较低，因而土壤温度较低，膜内窄行虽然有地膜覆盖，但由于棉花植株封行，受太阳直接辐射强度降低，加之土壤含水率较高，因而土壤温度较低。

田间作物根系吸水受根系分布、土壤基质势分布、冠层蒸腾强度的影响[11]。本书试验结果显示，根系吸水强度主要受土壤基质吸力的影响，而根系分布对其影响不明显。这是因为根系吸水过程是根系吸力与土壤基质吸力的平衡过程，根长密度越大，根系吸水力也越大[16]。在土壤中水势分布均匀的情况下，根长密度大的区域，测得的根系吸水强度应该最大，表现出根系吸水分布与根长密度分布的密切相关性。然而，滴灌是局部灌溉，土壤湿润区不均匀，土壤基质吸力分布也不均匀，作物根系只有在土壤基质吸力小的区域才能大量吸水。所以，在土壤基质吸力小的区域，根系吸水强度大；而在土壤基质吸力大的区域，尽管根长密度较大，因其吸水较困难，则根系吸水强度小。因此，在膜下滴灌条件下，决定田间作物根系吸水的主要因素是土壤水分状况。由此可以推知，膜下土壤含水率分布越均匀，土壤水势越高，越有利于膜上内、外行棉株吸水，使膜上内、外行棉株生长整齐，也就是说，宽的土壤湿润区更有利于田间棉花生长整齐。

土壤温度对水流传输有促进作用。在膜下滴灌条件下，土壤水分增大虽然可使土壤增温减慢，但是却使土壤基质吸力降低，而土壤基质吸力的降低对作物根系吸水的促进作用远大于土壤增温的减缓对作物根系吸水的阻碍作用，所以，根系吸水强度分布并不与土壤温度分布相一致。由此可知，生产实践中应采用大的滴头流量获得宽的土壤湿润区。

关于滴灌棉花根系吸水随土层深度的分布模型已有众多学者做过研究[17]，得到的结论基本都表明膜下表层土壤中的根系吸水强度最大，随着土层深度增加，根系吸水强度呈负指数函数减少。

$$S_r = S_m \times e^{-\delta \frac{Z}{Z_r}} \tag{2-3}$$

式中 S_m——土壤表层根系最大吸水强度,m/d;

δ——根系分布经验系数;

Z_r——根系长度, cm;

其余符号意义同前。

该模型表明根系吸水强度最大值在地表。对于无膜滴灌来说,地表土壤中不仅有作物根系吸水,还存在强烈的蒸发现象,所以测得的吸水强度最大。然而,在膜下滴灌条件下,地膜抑制了地表蒸发,土壤水分消耗主要依靠作物根系吸水,而作物根系吸水强度取决于土壤基质吸力的分布,基质吸力越低的区域越有可能出现根系吸水强度最大值。但是,土壤基质吸力低的区域并不总是出现在地表层,所以根系吸水强度最大值也并不总是出现在地表层[见图 2-4(b)、(d)、(i)],因此,对于膜下滴灌来说,用式(2-2)来表达根系吸水强度随土层深度的变化规律比用式(2-3)来表达更为合理。

2.5 结 论

本章通过膜下滴灌试验,研究了土壤湿润区对土壤水热环境和棉花根系吸水的影响,得到如下结论:

(1)膜下滴灌条件下,膜下土壤温度主要受光照和土壤含水率的影响;宽浅型土壤湿润区与窄深型土壤湿润区所产生的土壤温度分布差异不十分明显。

(2)宽浅型土壤湿润区导致各行棉株的根系在膜下土壤中的分布趋于均匀;窄深型土壤湿润区使各行棉株的根系都集中在膜下宽行土壤中。

(3)膜下滴灌条件下,棉花根系吸水强度主要受土壤基质吸力分布影响;宽的土壤湿润区能使膜下宽行和膜下窄行的基质吸力分布趋于均匀,棉花根系耗吸水分布在行间也趋于均匀,有利于内、外行棉株生长整齐。窄的土壤湿润区则使膜下窄行基质吸力较大,棉花根系吸

水主要集中在膜下宽行土壤中，不利于内、外行棉株均匀生长。土壤温度分布和根长密度分布不是影响膜下滴灌棉花根系吸水强度分布的主要因素。

参考文献

[1] El-Hafedh A V, Daghari H, Maalej M. Analysis of several discharges rate-spacing-duration combination in drip irrigation system[J]. Agricultural Water Management, 2001, 52(1): 33-52.

[2] 李明思，康绍忠，孙海燕. 点源滴灌滴头流量与湿润体关系研究[J]. 农业工程学报，2006，22(4)：32-35.

[3] 王允喜，李明思，蓝明菊. 膜下滴灌土壤湿润区对田间棉花根系分布及植株生长的影响[J]. 农业工程学报，2011，27(8)：31-38.

[4] Colombo A, Or D. Plant water accessibility function: a design and management tool for trickle irrigation [J]. Agricultural Water Management, 2005, 82(1): 45-62.

[5] 李慧星，夏自强，马广慧. 含水量变化对土壤温度和水分交换的影响研究[J]. 河海大学学报(自然科学版)，2007，35(2)：172-175.

[6] 张治，田富强，钟瑞森，等. 新疆膜下滴灌棉田生育期地温变化规律[J]. 农业工程学报，2011，27(1)：44-51.

[7] 张朝勇，蔡焕杰. 膜下滴灌棉花土壤温度的动态变化规律[J]. 干旱区农业研究，2005，23(2)：11-15.

[8] 胡晓棠，张旺锋. 膜下滴灌条件下棉株温湿度微环境[J]. 中国农业气象，2005，26(4)：259-262.

[9] 李东伟，李明思，申孝军，等. 膜下滴灌土壤湿润区水热耦合对棉花生长的影响[J]. 灌溉排水学报，2011，30(5)：52-56.

[10] 胡晓棠，李明思，马富裕. 膜下滴灌棉花的土壤干旱诊断指标与灌水决策[J]. 农业工程学报，2002，18(1)：49-52.

[11] Tsutsumi D, Kosugi K, Mizuyama T. Root-system development and water-extraction model considering hydrotropism [J]. Soil Science Society of America Journal, 2003, 67(2): 387-401.

[12] Bruckler L, Lafolie F, Doussan C, et al. Modeling soil-root water transport with non-uniform water supply and heterogeneous root distribution [J]. Plant and Soil, 2004, 260(1/2): 205-224.

[13] 冯宝平,张展羽,张建,等. 温度对土壤水分运动影响的研究进展[J]. 水科学进展,2002,13(5):643-648.

[14] 王卫华, 王全九, 刘建军. 南疆棉花苗期覆膜地温变化分析[J]. 干旱地区农业研究, 2011,29(1):139-144.

[15] 员学锋, 吴普特, 汪有科. 地膜覆盖保墒灌溉的土壤水、热以及作物效应研究[J]. 灌溉排水学报, 2006, 25(1):25-29.

[16] Machado R , Oliveira M. Tomato root distribution, yield and fruit quality under different subsurface drip irrigation regimes and depths[J]. Irrigation Science, 2005,24(1): 15-24.

[17] Greena S R, Kirkhamb M B, Clothiera B E. Root uptake and transpiration: From measurements and models to sustainable irrigation [J]. Agricultural Water Management, 2006, 86(1):165-176.

第3章 土壤带状湿润均匀性对膜下滴灌棉花根系生长及水分利用效率的影响

3.1 引　言

与无膜滴灌中一条滴灌带(或滴灌管)控制一行作物不同,由于地膜有效降低了土壤蒸发,也为了节省田间投资,农民在应用覆膜滴灌技术时往往采用一条滴灌带控制多行作物的栽培模式[1-2]。因此,无膜滴灌设计中只需关注点源滴灌均匀性(每个滴水点控制一株/簇作物,各滴水点处的土壤湿润区都是相互孤立的、互不交汇,滴灌时只需保证各滴水点出水量一致)或线源滴灌均匀性(一条滴灌带只控制一行密植作物,各滴水点处的土壤湿润区相互交汇,形成连续的线状分布,但是湿润宽度不大,一般都小于 1 m,需合理确定滴头间距,以保证沿作物行向的土壤湿润区均匀分布)[3-6];而对于膜下滴灌来说,因其滴灌带(滴灌管)控制的土壤湿润面积宽(一般为无膜线源滴灌土壤湿润宽度的 2~4 倍),所以不仅要求其沿作物行向的土壤湿润均匀,还要求其膜下各行间的土壤也湿润均匀,这样才能保证各行之间作物长势均匀。

目前,很少有针对膜下滴灌土壤湿润均匀性的设计要求,关于此类问题的研究成果也鲜见报道[8-10]。灌水均匀性是评价灌溉技术的基本指标,即关注的是滴头出流均匀度,现行的《微灌工程技术标准》(GB/T 50485—2020)是针对点源滴灌情况而制定的[7]。农民在应用膜下滴灌技术时,普遍采用一条滴灌带控制多行作物,尤其是在新疆膜下棉花滴灌技术的应用中,如 1.2 m 宽的地膜,种 4 行棉花,在膜中间

铺设一条滴灌带(或在 2 m 宽的地膜上种植 6 行棉花,铺设 2 条滴灌带),造成田间各行之间棉花根系吸水难易程度差别明显,导致田间棉花生长和产量都受到影响[11-12]。由此可见,膜下滴灌土壤湿润均匀性与供水均匀性并不一致,尽管滴灌带设计出流均匀性能够得以保证,但是如果灌水参数(如滴头流量和滴头间距)设计不合理,仍然无法满足膜下土壤湿润均匀性,造成行间作物生长不整齐,田间水分利用率低。因此,设计合理的膜下土壤湿润均匀度(特别是带状土壤湿润均匀度),调节各行间棉花根系和地上部生长,不仅对提高产量以及水分利用效率有关键作用,也是新疆干旱区膜下滴灌技术中特有的设计要求,应该加以关注。

土壤湿润区对作物根系分布、植株生长以及水分利用效率的影响问题,国内外已有诸多研究成果[13-15],冯广龙等[16]和李运生等[17]试验发现,改善土壤湿润均匀性,不仅可调节小麦根系分布以及植株的生长,还能有效提高小麦根系吸收能力。研究指出[18],当生产力水平较低时,小麦形成的是“窄深型”低产根型;随着生产水平的提高,形成的是“宽浅型”中产根型,说明小麦根系的分布特征与产量有关。另有研究[19]表明,生长在土壤湿润区内的玉米产量高于生长在土壤湿润区边缘的玉米产量。可见,调控作物根区土壤湿润均匀性对提高作物产量作用很大。滴灌属于局部灌溉技术,其土壤湿润均匀性对作物根系分布、植株生长以及产量都产生较大影响。相关文献[20]表明,大滴水流量在滴灌棉田膜内形成宽浅型土壤湿润区,行间棉花的根系在膜下土壤中的分布趋于均匀;而小滴水流量则形成窄深型土壤湿润区,棉花根系主要分布在膜下土壤的中部,造成各行之间的棉花株高和叶面积等生长指标出现较大差异,影响到光合产物总量的积累及其在地上和地下部分的分配[9,21]。

已有研究表明膜下土壤湿润区的均匀性对于膜下滴灌作物根系分布和植株生长及产量至关重要。但是涉及膜下滴灌技术设计方面的基本理论还有待进一步探明和完善。本章采用控制滴水点流量的方法获得不同的膜下土壤带状湿润区范围,研究和揭示膜下带状湿润区均匀性对作物生长、水分利用效率以及产量等指标的影响,揭示调控和合理

设计膜下滴灌土壤湿润区的重要性。

3.2　材料与方法

3.2.1　试验地概况

试验于2011年4~10月在石河子大学现代节水灌溉兵团重点实验室进行(85°59′E,44°19′N)。生育期内降水总量为122.4 mm,如图3-1所示,单次大于10 mm的降水主要集中在5月和8月,分别占生育期总降水量的38.7%和22.0%。试验区面积为0.053 hm^2,土壤质地为轻壤土,物理黏粒含量(粒径<0.01mm)大于20%,土壤容重为1.52 g/cm^3,平均孔隙率为35.57%,田间持水率为31.52%(体积含水率),土壤初始含盐量为1.21 g/kg。试验地地下水埋深大于8 m。2011年降水量和灌水量如图3-1所示。

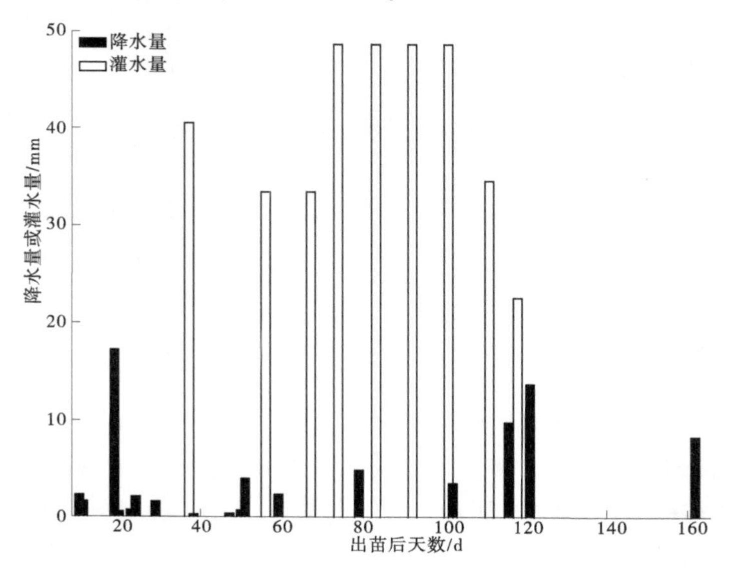

图3-1　2011年降水量和灌水量

3.2.2 试验设计

2011 年 4 月 17 日播种。供试棉花为“惠远 710”,行距为 30 cm+60 cm+30 cm 的宽窄行种植模式,平均株距为 11 cm。采用迷宫式薄壁滴灌带,滴头间距为 30 cm,滴头设计流量为 2.8 L/h,相应的滴头工作压力为 10 mH_2O。为模拟膜内不同土壤湿润区形状,试验布置采用文献[10]的处理方法,分别将 1 条、2 条、3 条滴灌带合并在一起放置在膜下宽行中心处,如图 3-2 所示,滴灌带间的滴头相互对应,使各滴水点上的滴头数增加,得到不同处理相应的组合滴头流量:1.69 L/h、3.46 L/h 和 6.33 L/h,获得 3 种不同土壤湿润区类型,分别标注为:W169、W346、和 W633。由前期试验可知,W169 产生窄深型土壤湿润区,W633 产生宽浅型土壤湿润区,而 W346 产生的土壤湿润区类型介于前两者湿润类型之间的过渡型湿润区。

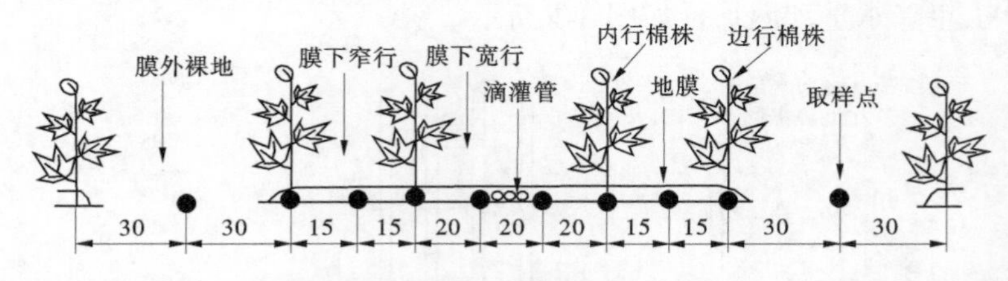

图 3-2 膜下滴灌棉花种植模式示意图(以 W633 为例) (单位:cm)

各处理的灌溉制度相同,生育期灌水量如图 3-1 所示,灌水主要集中在棉花的花铃期。各处理均采用随水施肥,且施肥制度相同,共施尿素 780 kg/hm^2、磷酸二氢钾 311.25 kg/hm^2。

3.2.3 测试项目与方法

采用烘干法测土壤含水率,定苗以前测定深度为 0~60 cm,每 10 cm 土层取样,每隔 6 d 测定 1 次。定苗后,0~30 cm 土层含水率采用烘干法测定,每 10 cm 土层取样,30~130 cm 土层含水率采用 503DR.9 中子水分探测仪测定,每 10 cm 土层读数 1 次,每隔 3 d 观测 1 次。每个处理布置 5 根中子管,分别埋设在膜下宽行、膜下窄行中心和膜外裸

地中心。吐絮期灌水结束后对30~130 cm土层中子数进行标定，采用烘干法在中子铝管对应20 cm处取样，利用各土层测定中子数及相应的土壤含水率的关系并拟合标定方程：

$$\theta_v = 0.0033N - 3.3112 \tag{3-1}$$

式中　θ_v——体积含水率，%；

N——中子计数，为82。

棉花根系采用根钻法取样，根据棉花不同生育阶段根系的分布特点，按照钻孔深度每14 cm取1层。取样时间分别为：6月8日（苗期，采深14 cm）、7月1日（蕾期，采深28 cm）、7月22日（花铃前期，采深42 cm）、8月12日（花铃后期，采深56 cm）、9月2日（吐絮期，采深70 cm），重复3次，取样点如图3-2所示。取出的棉花根系在水中浸泡24 h后，用0.5 mm孔径筛子捡出棉花根段，在65 ℃烘干至恒重，再将根系铺在有20 cm对照线的白纸上拍照，通过R2v和Photoshop软件计算根长，除以各层土样体积，得到根长密度。

根系生长会与土壤争水，土壤基质吸力增大会导致作物根系吸水困难，迫使根系向着基质吸力小的地方生长，使根系生长产生向水性。因此，本研究通过测定土壤基质吸力来直观描述棉花根系生长的胁迫环境。待生育期结束后，取20~30 cm土层原状土，采用1500F1压力膜仪测定土壤水分与基质吸力的关系并拟合土壤水分特性曲线

$$S = 635915.76 \times e^{-36.812456\times\theta_v} \tag{3-2}$$

式中　S——土壤基质吸力，kPa；

θ_v——土壤体积含水率，%。

以滴灌带铺设位置为对称轴，将两边测点所测得的土壤水分数据对应求平均值，分析土壤基质吸力和根系分布规律。

棉花阶段耗水量通过水量平衡公式计算：

$$ET_C = R + I - F \pm Q + \Delta W \tag{3-3}$$

式中　ET_C——作物蒸发蒸腾量，mm；

R——降水量，mm；

I——灌水量，mm；

F——地表径流，mm，由于滴灌棉田试验期间无地表径流发生，

故取 $F=0$；

Q——上移或下渗量，试验表明 80～100 cm 土壤水分无明显变化，因此取 $Q=0$；

ΔW——土壤储水变化量。

全生育期观测棉花株高、叶面积的变化，各处理选取具有代表性的内行、边行各 5 株棉花，每隔 10 d 观测 1 次。吐絮期测定理论产量，统计不同处理的棉花株数，统计内行、边行对应的各 120 株棉花的铃数，计算单株棉花平均铃数，随机采摘直径大于 2 cm 的棉铃 50 个，在 65 ℃下烘 72 h，得到棉花平均单铃质量，计算不同处理的棉花理论产量。

3.2.4 数据处理分析

采用 Excel 2010 和 SPSS 17.0 数据软件对数据进行处理、方差分析，采用 Origin 8.5 和 Matlab 6.0 软件绘图。

3.3 结果与分析

3.3.1 膜下土壤湿润区对土壤基质吸力分布的影响

在灌水技术、灌溉定额一致的情况下，根区土壤水分空间分布形状主要受到滴头流量的影响，如图 3-3 所示，选取棉花关键生育期（花铃期）2 次灌水间隔内（7 月 19 日和 7 月 28 日灌水）的土壤基质吸力分布，通过对该时段内土壤基质吸力的监测来评估膜下根区土壤水分状况。

W169 的膜外裸地的土壤基质吸力始终较大，随着棉株耗水，膜下宽行和膜下窄行的土壤基质吸力逐步增大。在该灌水周期内，W169 膜下宽行与膜下窄行和膜外裸地的土壤基质吸力均差值分别为-0.19 MPa 和-1.09 MPa（$p=0.297$、$p=0.0001$），膜下窄行与膜外裸地的土壤基质吸力均差值为-0.90 MPa（$p=0.002$），覆膜宽度方向上土壤基质吸力分布很不均匀。

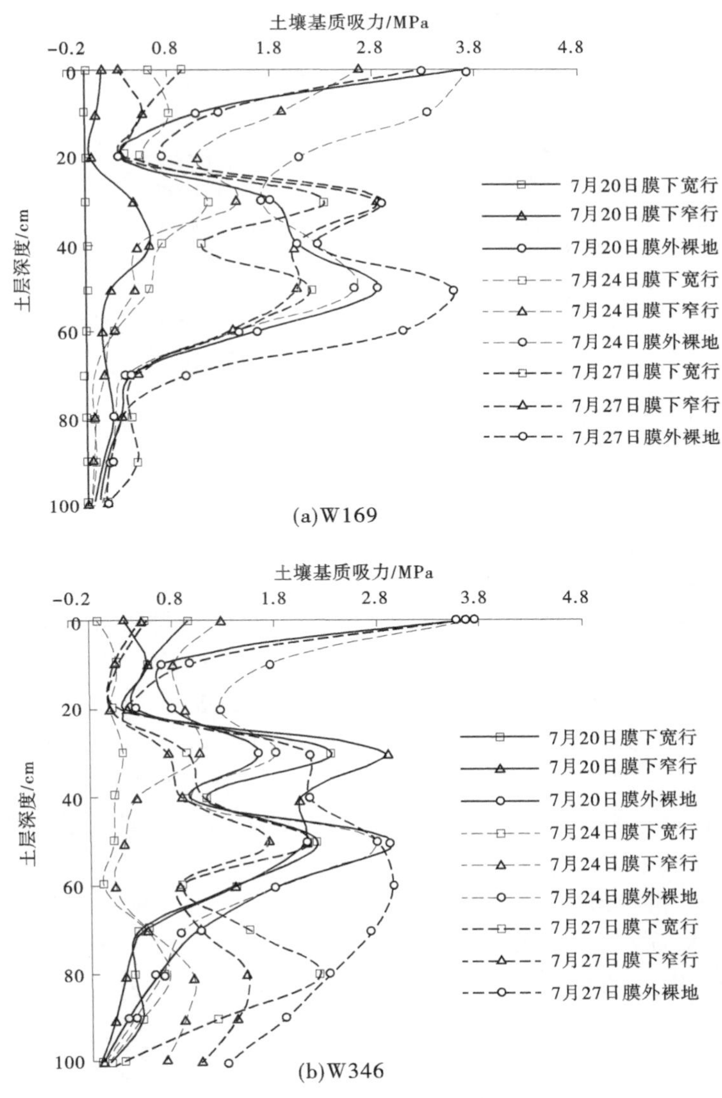

图3-3　花铃期不同土壤湿润区类型下土壤基质吸力空间分布

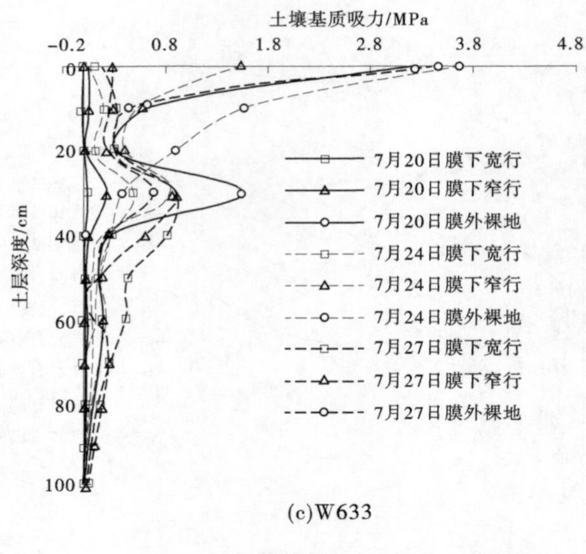

(c)W633

续图 3-3

W346 膜下宽行与膜下窄行和膜外裸地的土壤基质吸力均差值分别为-0.12 MPa 和-0.87 MPa($p=0.393$、0.0003),膜下窄行与膜外裸地的土壤基质吸力均差值为-0.75 MPa($p=0.002$),虽然覆膜宽度方向上土壤基质吸力差值有所减小,但分布仍不均匀。

W633 的膜外裸地灌水后初期 0~40 cm 土层的土壤基质吸力较大,但是后期较小。膜下宽行和膜下窄行土壤基质吸力始终较小。W633 的膜下宽行与膜下窄行和膜外裸地的土壤基质吸力均差值分别为-0.07 MPa 和-0.45 MPa($p=0.341$、0.091),膜下窄行与膜外裸地的土壤基质吸力均差值为-0.38 MPa($p=0.031$),覆膜宽度方向上土壤基质吸力分布较均匀。

3.3.2 膜下土壤基质吸力分布对棉花根系分布的影响

随着生育阶段推进,棉花根长密度随着生长深度的增加而变化,根系分布的外形同样有所改变,为了描述根长密度随根系生长深度的变化过程,建立根长密度包络线,反映不同生育阶段棉花根系的三维分布

(见图3-4)。结果表明3种土壤湿润区下棉花根长密度最大值基本上都出现在膜下宽行范围内,并在膜下内行、边行棉花根轴处(距离滴灌带30 cm、60 cm)出现峰值。然而,土壤湿润区形式不同,膜下内行、边行棉花根轴处根长密度的分布也不同。

W169的内行棉花根长密度始终很大,在蕾期(根系深度30 cm左右)其根长密度达到全生育期最大;而边行棉花根长密度始终很小[见图3-4(a)],峰值不明显。W169的膜下宽行、膜下窄行土壤中的根长密度均差值为386.3 m/m³。W346在膜下内行、边行棉花根轴处大致形成2个根长密度峰值[见图3-4(b)],膜下宽行、膜下窄行棉花根长密度的差值为298.28 m/m³。

W633的内行、边行棉花根长密度的峰值都较大[见图3-4(c)],膜下宽行、膜下窄行棉花根长密度均差值仅为142.01 m/m³,表明边行棉株的水分环境与内行棉株的水分环境接近,给各行间棉株的均匀生长提供了基本条件。

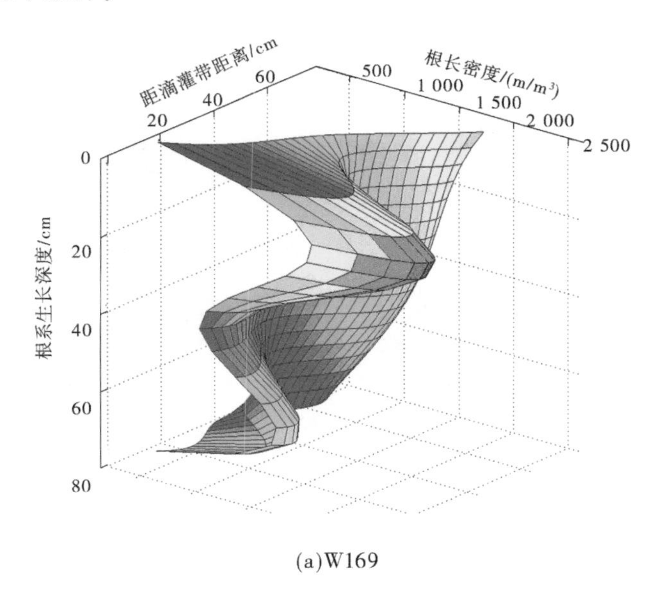

(a)W169

图3-4 不同土壤湿润区类型下根长密度分布

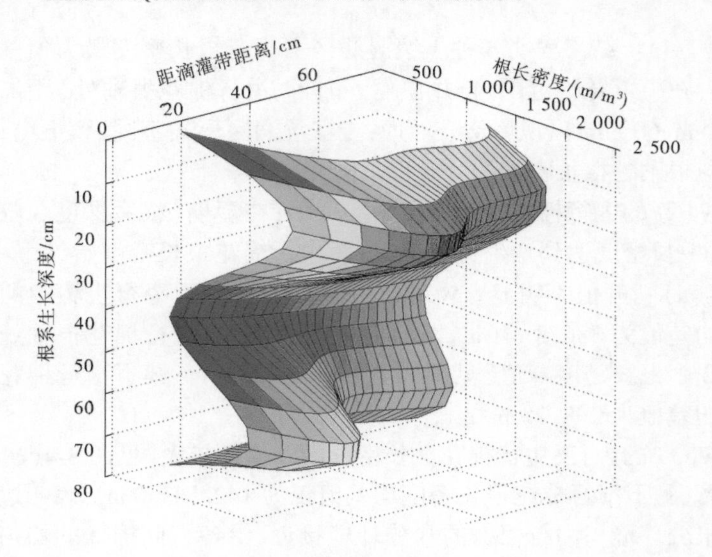

(b)W346

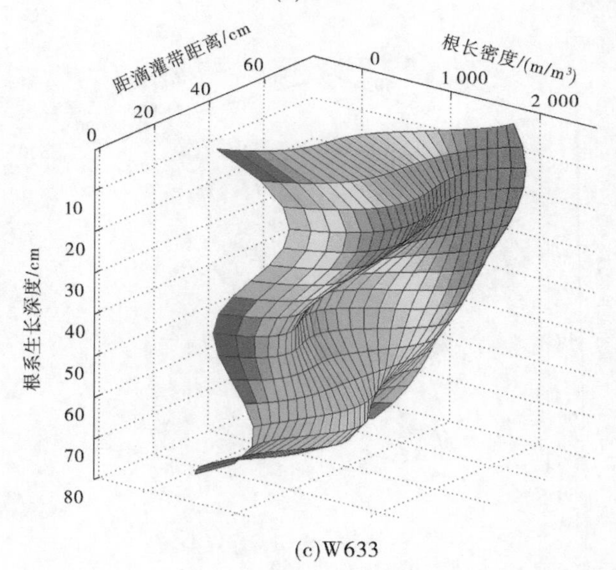

(c)W633

续图 3-4

3.3.3 膜下土壤基质吸力分布对行间棉花生长的影响

土壤基质吸力分布的差异不仅造成了行间棉花根系分布的差异性,也影响了地上部植株生长的均匀性。试验中发现,叶面积峰值出现在出苗后 90 d 左右。

W169 和 W346 的内行、边行棉花株高及叶面积生长差异明显,而 W633 的内行、边行棉花生长均匀(见图 3-5)。出苗后 60 d,W169 和 W346 的内行棉花株高显著大于边行株高,在整个生育期内,W633 的内行、边行棉株株高基本无差异,冠层均匀,W169、W346 和 W633 的内行、边行棉花株高的均差值分别为 7.04 cm、5.45 cm 和 3.74 cm(p = 0.041、0.025 和 0.91)。

W169 和 W346 的内行棉株叶面积显著大于其边行的叶面积,W633 的内行、边行棉株叶面积基本无差异。W169、W346 和 W633 的内行、边行棉株叶面积的均差值分别为 143 cm^2、284 cm^2 和 9 cm^2(p = 0.017、0.008 和 0.904),由此可见,宽浅型土壤湿润区有利于株型改善,使冠层分布合理,利于光合作用。

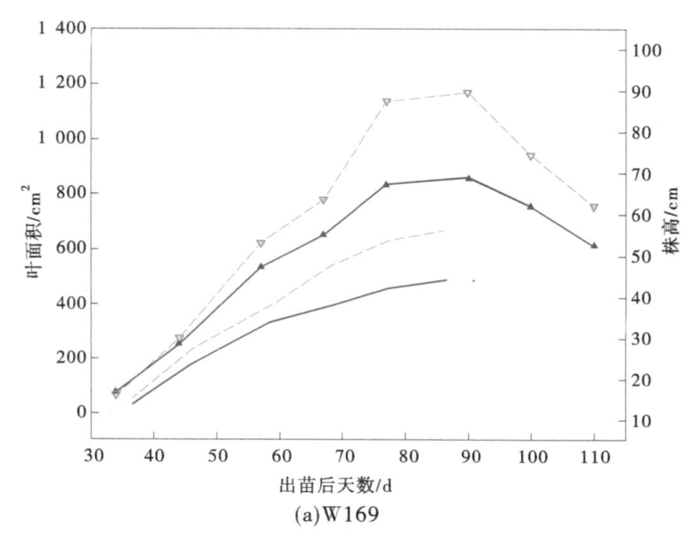

(a)W169

图 3-5 不同土壤湿润区类型下棉花株高与叶面积

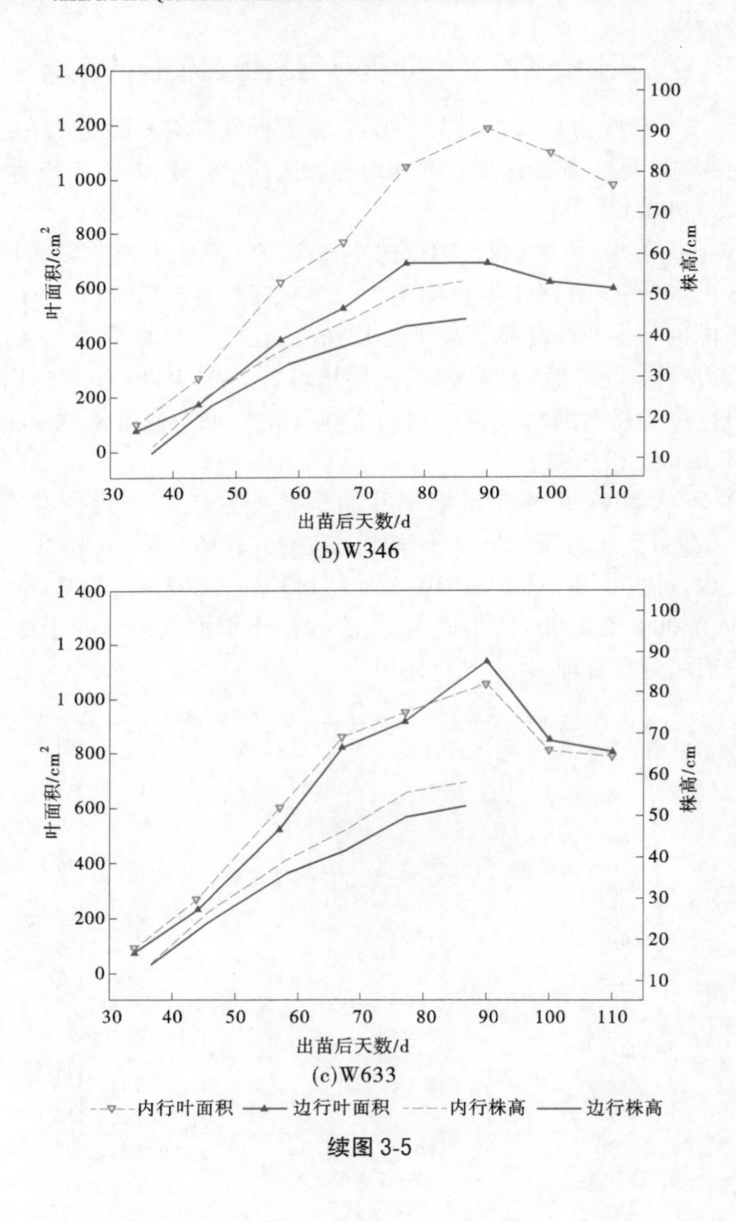

1 400
1 200
1 000
800
600
400
200
0
叶面积/cm²
株高/cm
100
90
80
70
60
50
40
30
20
10
30
40
50
60
70
80
90
100
110
出苗后天数/d
(b)W346
1 400
1 200
1 000
800
600
400
200
0
叶面积/cm²
株高/cm
100
90
80
70
60
50
40
30
20
10
30
40
50
60
70
80
90
100
110
出苗后天数/d
(c)W633
内行叶面积
边行叶面积
内行株高
边行株高

续图 3-5

3.3.4 膜下土壤基质吸力分布对行间棉花水分利用效率的影响

棉花产量构成因素主要包括棉株结铃数、单铃重和衣分等指标。对不同土壤湿润区处理的内行、边行棉株结铃数、单铃重、籽棉理论产量和实际产量进行差异性分析。试验中发现，W169 和 W346 的内行棉株株高、叶面积都要大于边行，内行成铃数多，使其籽棉理论产量大幅增加，其理论单产比边行分别增大了 976 kg/hm^2、1 280 kg/hm^2（见表 3-1）。W346 边行棉株实际产量比 W169 外行高 33.1 kg/hm^2，W346 内行棉株实际产量比 W169 内行低 130.6 kg/hm^2。W633 的边行棉株理论产量与内行仅相差 171 kg/hm^2。W169 和 W346 的内行棉株实际产量比边行分别高 509.3 kg/hm^2 和 345.6 kg/hm^2，W633 的内行棉株实际产量则比边行棉株高了 190.6 kg/hm^2。

水分利用效率 WUE 反映作物耗水和光合作用物质产生的关系，而棉株的生长对水分最为敏感，不同土壤湿润区处理下的棉花生长发育与 WUE 密切相关。本研究发现，尽管 W169 的内行、边行棉株的平均 WUE 最大，但是，W633 的内行、边行棉株的平均产量最高。对不同湿润区处理的各行棉株间水分利用效率进行了分析，W169 的棉株耗水主要发生在膜内宽行，并且内行、边行棉株耗水出现极显著差异。但是，W169 的内行、边行棉株的平均 WUE 最高，达到 11 $kg/(mm \cdot hm^2)$。W633 内行、边行棉株之间的产量和水分利用效率差异不明显，但是其内行、边行的平均 WUE 较低，为 10.1 $kg/(mm \cdot hm^2)$，比 W169 的同类指标小了 8.2%。不过 W633 的内行、边行棉株的平均理论产量和实际产量最高，比 W169 的同类指标高了 13.19%和 9.5%。说明在灌溉定额一定的情况下，提高膜下土壤带状湿润均匀性可以显著提高棉花产量，而水分利用效率降低并不多。

表 3-1 不同土壤湿润区类型下棉花产量与水分利用效率

土壤湿润区类型		铃数	单铃重/g	理论产量/(kg/hm^2)	实际产量/(kg/hm^2)	耗水/mm	水分利用效率/[$kg/(mm \cdot hm^2)$]
W169	边行	4.5a	5.6a	5 110a	3 961.4a	267.0a	14.8a
	内行	5.0b	6b	6 086b	4 470.7b	621.3b	7.2b
W346	边行	4.2a	5.8a	4 948a	3 994.5a	275.2a	14.5a
	内行	5.0b	6.2b	6 228b	4 340.1b	619.4b	7.0b
W633	边行	5.2a	6a	6 251a	4 521.2a	409.5a	11.0a
	内行	5.2a	6.1a	6 422a	4 711.8a	514.9a	9.2a

注:不同小写字母表示在 0.05 水平上差异显著。

3.4 讨 论

3.4.1 膜下滴灌滴水流量对棉花根系分布的影响

不同的滴灌流量造成土壤水分分布差异,直接影响作物根系的生长和分布。王剑[22]研究表明,随着滴头间距和毛管间距的减小,土壤含水率均匀性提高,收获期内,高的土壤含水率均匀度促进次生根系生长。孙浩等[8,19]的研究指出,土壤湿润区形状由窄深型向宽浅型变化,棉株下方根长所占比率减小,而两侧根长所占比率增大,根系由紧凑变为扩展。由此可见,土壤湿润区的均匀分布对行间作物根系均匀生长具有重要作用。本研究发现,窄深型土壤湿润区(W169)膜下内行、边行土壤基质势较大,边行棉花根系生长受到水分胁迫;而随着膜下土壤湿润区变得宽浅,W633 膜内土壤基质吸力分布越均匀,土壤基质势较小,棉花根系生长均匀,这与文献[9]在膜下滴灌棉田的研究结论相一致。主要是由于滴水流量与土壤入渗速率的关系决定了水分的侧向运移情况[23],滴水流量较大,土壤水分水平扩散速度加快[24],而根系在

土壤中的分布具有向水性，而土壤基质吸力又是影响根系分布的重要因素[25]，根细胞只有吸收到土壤中的水分才能保证其生长，如果土壤基质势很低，即便土壤含水率较高，作物根系也难以生长。因此，膜下滴灌技术设计中应当关注膜下土壤带状湿润均匀度，使膜下土壤整体湿润，使膜内各行间棉花根系均匀分布。

3.4.2　膜下滴灌滴水流量对棉花生长的影响

根系是植物吸收水分和养分的主要途径，其分布形态会直接影响到植物对土壤中水分、养分的吸收[26]。Li 等[27]的研究指出根系相对活性和叶片叶绿素含量密切相关，其他学者的研究也证实了养分供给[28]、灌溉模式[29]和水肥管理[30]及农艺措施[31]可以通过对作物根系分布形态进行调控从而影响其地上部分生长和产量。本研究结果显示，宽浅型土壤湿润区(W633)膜下内行、边行之间的根系分布和地上部生长都更均匀，也即膜下带状土壤湿润均匀性越大，越有利于膜上内行、边行棉株生长整齐。而窄深型土壤湿润区(W169)膜下内行、边行之间的棉株根系分布和植株生长差异明显，说明边行棉株会因缺水而缩短根系生长发育时间、降低根系生物量，最终使得地上部早衰而降低产量；而内行棉株处的土壤基质吸力较小，相应的水、热、气环境有利于根系吸水，植株生长较快，所以使田间各个膜上的棉株形成典型的“梯形”分布。

3.4.3　膜下滴灌滴水流量对棉花产量及水分利用效率的影响

合理的根系分布有利于将更多的光合产物分配到籽粒中，这利于产量的形成。结果表明宽浅型土壤湿润区(W633)膜下内行、边行棉株之间产量和水分利用效率的差值较小，说明宽浅型土壤湿润区有利于株型改善，使冠层分布合理，利于光合作用。而窄深型土壤湿润区(W169)膜下内行、边行之间的棉株根系分布和植株生长以及水分利用效率值差异明显，主要由于 W169 边行棉株受到水分胁迫，提高了光合产物向籽棉产量的转化效率，减少了棉花营养器官的生长冗余，从而提高了水分利用效率[32]；而内行棉株虽然未受到水分胁迫，因其耗水量大，根长密度大，根系要和结实器官竞争光合产物，导致光合产物向籽棉产量的转化效率低，最终造成作物减产，导致其水分利用效率较小[33]。

对于膜下滴灌技术来说，由于膜内土壤水分的不均匀分布可能会对膜下边行作物根系以及水分利用效率产生影响，所以在制定滴灌规范以及设计方法时，不能只考虑单行作物的土壤湿润均匀性，而应考虑整个覆膜宽度内的土壤湿润均匀性。然而，滴灌设计理论中有对土壤湿润区宽度、深度和灌水定额的设计要求，并没有对带状湿润区均匀性的设计要求。在设计中，可以通过增大滴灌带滴水流量来提高土壤带状湿润均匀度，进而减少田间滴灌带数量。

3.5 结 论

本章通过控制膜下土壤湿润区形状，研究膜下土壤带状湿润均匀性对棉花各行间根系分布、植株生长、产量及水分利用效率等指标的影响，得出主要结论如下：

(1)膜下滴灌条件下，窄深型土壤湿润区(W169)膜下土壤带状湿润均匀性低，膜下宽行、窄行土壤中根长密度均差值为386.3 m/m^3；而宽浅型土壤湿润区(W633)膜下土壤带状湿润均匀性高，膜下宽行、窄行土壤中根长密度均差值为142.01 m/m^3。

(2)窄深型土壤湿润区的膜下内行、边行籽棉理论总产量和实际总产量差值分别为976 kg/hm^2 和509.3 kg/hm^2，其水分利用效率分别为7.2 $kg/(mm \cdot hm^2)$和14.8 $kg/(mm \cdot hm^2)$。而宽浅型土壤湿润区的膜下内行、边行籽棉理论总产量和实际总产量差值分别为171 kg/hm^2 和190.6 kg/hm^2，其水分利用效率分别为9.2 $kg/(mm \cdot hm^2)$和11.0 $kg/(mm \cdot hm^2)$。初步证明了提高膜下土壤带状湿润均匀度能在保持水分利用效率不降低的情况下，显著提高棉花产量。

参考文献

[1] 冉立忠，蔡新宏. 棉花膜下滴灌不同毛管间距对产量和效益的影响[J]. 中国

棉花,2005(S1):57-58.

[2] 蔡焕杰,邵光成,张振华.棉花膜下滴灌毛管布置方式的试验研究[J].农业工程学报,2002,18(1):45-49.

[3] Hoffman G J,Evans R G,Jensen M E,et al. Design and operation of farm irrigation systems(2nd edition)[M]. ASABE,2007.

[4] 李明思,谢云,崔伟敏.线源滴灌土壤湿润均匀性的影响因素试验研究[J].灌溉排水学报,2007,26(6):11-14.

[5] 李久生,尹剑锋,张航,等.滴灌均匀系数对土壤水分和氮素分布的影响[J].农业工程学报,2010,26(12):27-33.

[6] 张国祥,吴普特.滴灌系统滴头设计水头的取值依据[J].农业工程学报,2005,21(9):20-22.

[7] 中华人民共和国水利部.微灌工程技术标准:GB/T 50485—2020[S].北京:中国计划出版社,2020.

[8] 孙浩,李明思,丁浩,等.滴头流量对棉花根系分布影响的试验[J].农业工程学报,2009,25(11):13-18.

[9] 王允喜,李明思,蓝明菊.膜下滴灌土壤湿润区对田间棉花根系分布及植株生长的影响[J].农业工程学报,2011,27(8):31-38.

[10] 李东伟,李明思,刘东,等.膜下滴灌土壤湿润范围对棉花根层土壤水热环境和根系耗水的影响[J].应用生态学报,2015,26(8):2437-2444.

[11] Colombo A,Or D. Plant water accessibility function:A design and management tool fortrickle irrigation[J]. Agricultural Water Management,2006,82(1):45-62.

[12] 曹伟,魏光辉,李汉飞.干旱区不同毛管布置方式下膜下滴灌棉花根系分布特征研究[J].灌溉排水学报,2014,33(4):159-162.

[13] Ning S,Shi J,Zuo Q,et al. Generalization of the root length density distribution of cotton under film mulched drip irrigation[J]. Field Crops Research,2015(177):125-136.

[14] Timlin D,Ahuja L R. Enhancing Understanding and Quantification of Soil-Root Growth Interactions [M]. USA:Madison. American Society of Agronomy Publisher. 2013.

[15] 刘梅先,杨劲松,李晓明,等.滴灌模式对棉花根系分布和水分利用效率的影响[J].农业工程学报,2012,28(s1):98-105.

[16] 冯广龙,罗远培.土壤水分与冬小麦根、冠功能均衡关系的模拟研究[J].生态学报,1999,19(1):96-103.

[17] 李运生,王菱,刘士平,等. 土壤-根系界面水分调控措施对冬小麦根系和产量的影响[J]. 生态学报,2002,22(10):1680-1687.

[18] EI-Hafedh A V, Daghari H, Maalej M. Analysis of several discharges rate-spacing-duration combination in drip irrigation system [J]. Agricultural Water Management, 2001, 52(1):33-52.

[19] 孙浩,李明思,李金山,等. 滴头流量对桶栽棉花根系分布与耗水的影响[J]. 排灌机械工程学报,2014,32(10):906-913.

[20] 苗果园,张云亭,尹钧,等. 黄土高原旱地冬小麦根系生长规律的研究[J]. 作物学报,1989,15(2):104-115.

[21] 刘祖贵,陈金平,段爱旺,等. 不同土壤水分处理对夏玉米叶片光合等生理特性的影响[J]. 干旱地区农业研究,2006,24(1):90-95.

[22] 王剑. 滴灌均匀度合理取值及系统优化设计[D]. 杨凌:西北农林科技大学,2016.

[23] 李光永,曾德超,郑耀泉. 地表点源滴灌土壤水分运动的动力学模型与数值模拟[J]. 水利学报,1998,29(11):21-25.

[24] 李明思,康绍忠,孙海燕. 点源滴灌滴头流量与湿润体关系研究[J]. 农业工程学报,2006,22(4):32-35.

[25] Tsutsumi D, Kosugi K, Mizuyama T. Root-system development and water-extraction model considering hydrotropism [J]. Soil Science Society of America Journal, 2003, 67(2):387-401.

[26] Marschner H. Mineral Nutrition of Higher Plants[M]. Mineral Nutrition of Higher Plants, AcademicPress, London, UK. 1995.

[27] Li Q, Dong B, Qiao Y, et al. Root growth, available soil water, and water-use efficiency of winter wheat under different irrigation regimes applied at different growth stages in North China[J]. Agricultural Water Management, 2010, 97(10):1676-1682.

[28] 陈磊,王盛锋,刘荣乐,等. 不同磷供应水平下小麦根系形态及根际过程的变化特征[J]. 植物营养与肥料学报,2012,18(2):324-331.

[29] Li C, Sun J, Li F, et al. Response of rootmorphology and distribution in maize to alternate furrow irrigation[J]. Agricultural Water Management, 2011, 98(12):1789-1798.

[30] 沈玉芳,李世清,邵明安. 水肥空间组合对冬小麦生物学性状及生物量的影响[J]. 中国农业科学,2007,40(8):1822-1829.

[31] 赵广才,刘利华,杨玉双,等.施肥及光合调节剂对小麦根系及籽粒产量和蛋白质含量的影响[J].作物学报,2004,30(7):708-713.

[32] 杜太生,康绍忠,胡笑涛,等.根系分区交替滴灌对棉花产量和水分利用效率的影响[J].中国农业科学,2005,38(10):2061-2068.

[33] Rajaniemi T K,Allison V J,Goldberg D E. Root competition can cause a decline in diversity with increased productivity[J]. Journal of Ecology,2003,91(3):407-416.

第4章 膜下滴灌棉花群株根系生态结构对土壤湿润区的响应

4.1 引 言

根系是为作物生长输送所需要的水分和养分的重要器官,也是保持作物稳固的重要支撑[1],因此,合理而可靠的根系构型是保证作物正常生长的根本因素。在滴灌条件下,由于土壤局部湿润,湿润区对作物根系构型有约束作用[2],影响作物地上部的生长,所以,滴灌土壤湿润区的设计应当依据作物正常生长所要求的根系构型[3]。通常情况下,作物吸水取决于其根长密度[4],对于像棉花这样的直根系作物来说,根长密度主要由二级和三级及以下级别的侧根的长度决定[5];作物的稳固程度不仅取决于根系伸展宽度,更取决于根系生长深度。学者们常采用根长密度等值线图的方法描述作物单株或群株根系在某一生长阶段的根长密度的分布[6],或用负指数函数族描述单株作物生育期根系生长深度和根长密度的变化关系[7-8]。然而对于群株作物来说,其根长密度不仅在水平空间上分布不均匀,还随着根系生长深度发生变化,那么采用根长密度等值线图或负指数函数族的方法都不能完整表现这一过程,但是,采用拓扑方法可同时描述群株作物的根长密度空间分布和随根系生长深度而变化的过程,并且可以很好地反映作物群体的吸水能力[9]及稳固特征[10]。为此,本章提出了棉花群株根系根长密度包络线图的概念,并以此分析膜下滴灌条件下棉花群株根系的根长密度分布和生长深度随滴灌土壤湿润区类型而变化的特点。

根系对环境的生态适应能力是通过根系构型的变化体现的。关于作物群株根长密度与土壤湿润区的关系研究，国内外已有诸多研究成果[11-13]。根系生长发育过程中与土壤水分分布密切相关[14]，方怡向等[2]试验研究指出，滴灌条件下土壤基质吸力与滴头流量密切相关，作物根系明显受土壤湿润区的限制，根系向着滴头下方水分较多的土壤生长；王允喜等[15]和李东伟等[16]通过控制滴头流量得到不同的土壤湿润区类型，研究指出膜下滴灌宽浅型土壤湿润区的棉花根系能够分布在植株的下方；而窄深型土壤湿润区的棉花根系则主要分布在滴灌带的下方，造成田间各行之间棉花根系吸水难易程度差别明显[17-18]。土壤水分的变化首先引起了根系的生理变化，发展到一定程度后引起根系生态结构的改变[19]。分析根系几何形态参数和拓扑结构特征，了解植物根系的延伸机制对生境改变的适应性[20,23]，已成为众多学者研究植物根系生态构型的重要方法[21-22]。

棉花在中国是除粮食之外最主要的农产品和战略物资，亦是中国产业链最长和产业关联度最强的经济作物[24]。新疆是中国最大的陆地棉产区，独特的光热、土地资源优势使棉花增产潜力较大。由于新疆地区水资源短缺以及保障粮食安全的需求，1996 年新疆生产建设兵团开始研发棉花膜下滴灌技术并推广应用[25]。目前该技术不仅在中国干旱、半干旱地区广泛应用，还推广到周边国家，取得了显著的经济和社会效益。

新疆农民为了节省投资，往往会减少田间滴灌带使用量，采用一根滴灌带同时控制多行棉花的布置模式，导致有限的滴水湿润区范围难以有效包含各行棉花的根系空间，不符合局部灌溉技术设计要求[26]。目前，关于棉花滴灌土壤湿润区的设计理论没有见诸报道，本章研究利用拓扑理论对不同土壤湿润区条件下的棉花群株根系的生态结构演变过程进行描述，分析棉花根系吸水能力受到的影响，揭示棉花膜下滴灌土壤湿润区的设计依据，为完善膜下滴灌技术设计理论提供帮助。

4.2 材料与方法

4.2.1 试验地点

试验于2010年4月至2011年10月在石河子大学节水灌溉试验站(85°59′E,44°19′N)进行。根据石河子气象站近30年资料统计,年平均日照时数2 865 h,大于10 ℃积温为3 463.5 ℃,大于15 ℃积温为2 960.0 ℃,无霜期170 d,年蒸发量(1 342±413) mm(小型蒸发皿);2010年和2011年试验期间降水量分别为114.7 mm和122.4 mm(见图4-1)。试验地土壤质地为轻壤土,物理黏粒含量(粒径<0.01 mm)大于20%,土壤容重为1.52 g/cm^3,平均孔隙率为41.71%,田间持水率为31.92%(体积含水率),土壤初始含盐量为1.21 g/kg。试验地地下水埋深大于8 m。

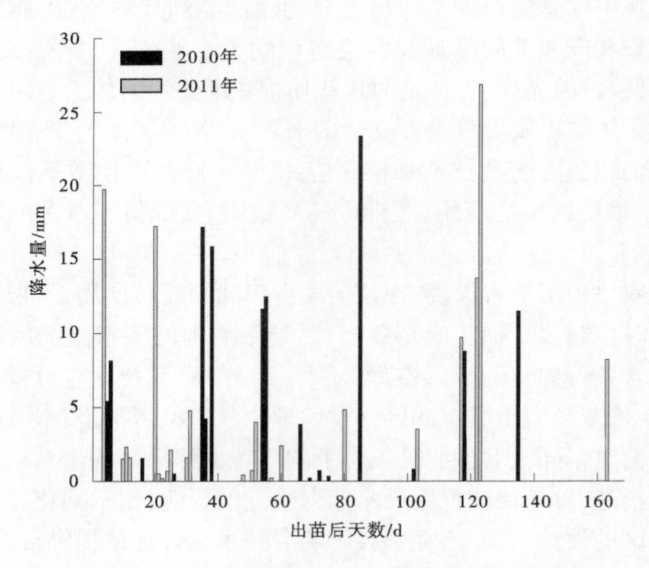

图4-1 2010年和2011年试验期间降水量

4.2.2　试验设计

2010 年和 2011 年,棉花的播种日期分别为 5 月 1 日和 4 月 17 日,供试棉花均为“惠远 710”,行距为 30 cm+60 cm+30 cm 的宽窄行种植模式,平均株距为 11 cm。采用迷宫式薄壁滴灌带灌水,滴头间距为 30 cm,设计滴头流量为 2.8 L/h,相应的滴头工作压力为 10 mH_2O。为模拟膜内不同土壤湿润区形状,试验布置采用李东伟等(2018)的处理方法,分别将 1 条、2 条、3 条滴灌带合并在一起放置在膜内宽行中心处(见图 4-2),滴灌带间的滴头相互对应,使各滴水点上的滴头数增加,得到不同处理相应的组合滴头流量,进而获得不同土壤湿润区类型。采用生产实际中的种植模式作为对照处理,即 2 条滴灌带分别布置在膜内窄行中心。2010 年试验设置 3 种滴头流量:1.54 L/h(W154)、3.14 L/h(W314,对照处理)和 5.93 L/h(W593)。2011 年设置 3 种滴头流量:1.69 L/h(W169)、3.46 L/h(W346)、6.33 L/h(W633),每个处理共计重复 5 次。各处理的灌溉制度相同,棉花全生育期灌溉制度如表 4-1 所示。2010 年和 2011 年试验中分别施尿素 705 kg/hm^2 和 780 kg/hm^2,磷酸二氢钾 112.5 kg/hm^2 和 311.25 kg/hm^2,采用随水滴肥分次施入。

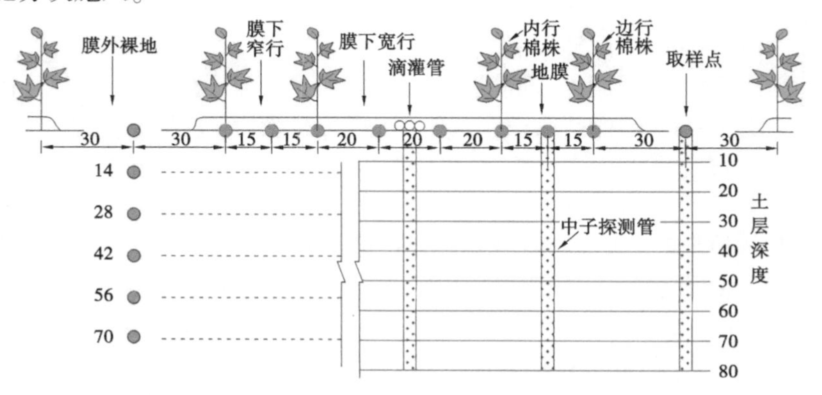

图 4-2　膜下滴灌棉花种植模式示意图(以 W593 为例)　(单位:cm)

表 4-1　膜下滴灌灌溉制度

生育阶段	苗期	蕾期	花铃前期	花铃后期	吐絮期
灌水定额/(m^3/hm^2)	405	303.7	486	344.2	300
灌水次数/次	1	2	4	2	1

4.2.3　测试项目与方法

采用烘干法测土壤含水率。定苗以前测定深度为 0~60 cm,每 10 cm 土层取样,每隔 6 d 测定 1 次。定苗后测定深度为 0~30 cm,每 10 cm 土层取样;30~130 cm 土层含水率采用 503DR.9 中子水分探测仪测定,每 10 cm 土层读数 1 次,每隔 3 d 测定 1 次。每个处理布置 5 根中子探测管,分别埋设在膜内宽行、窄行中心和膜外裸地中心。每年吐絮期灌水结束后对 30~130 cm 土层中子数进行标定,采用烘干法在距中子探测管 20 cm 处分层取样,利用各土层测得的中子数及相应的土壤含水率的关系拟合,分别得到 2010 年和 2011 年标定方程如式(4-1)、式(4-2)所示:

$$\theta_v = 0.0034N - 0.4693 \qquad (R^2 = 0.8009, n = 116) \tag{4-1}$$

$$\theta_v = 0.0033N - 3.3112 \qquad (R^2 = 0.816, n = 82) \tag{4-2}$$

式中　θ_v——体积含水率,%;

N——中子计数。

根据棉花不同生育阶段根系的分布特点,棉花根系采用直径 10 cm、深度 14 cm 的根钻取样,取样点如图 4-2 所示。取样时间分别为:苗期(采样深度 14 cm)、蕾期(采样深度 28 cm)、花铃前期(采样深度 42 cm)、花铃后期(采样深度 56 cm)、吐絮期(采样深度 70 cm),重复 3 次,具体取样时间如表 4-2 所示。取出的棉花根系在水中浸泡 24 h 后过 0.5 mm 孔径筛子,用镊子捡出棉花根段,在 65 ℃烘干至恒重,再将根系铺在有 20 cm 对照线的白纸上拍照,通过 R2v 和 Photoshop 软件计算根长,通过式(4-3)计算根长密度:

$$\mathrm{RLD} = \frac{\mathrm{RL}}{\mathrm{SV}} \tag{4-3}$$

式中　RLD——根长密度,m/m^3;

RL——根长，m；

SV——土体体积，m^3。

表 4-2　根系取样时间

年份	苗期	蕾期	花铃前期	花铃后期	吐絮期
2010 年	6 月 18 日	6 月 29 日	7 月 23 日	8 月 15 日	9 月 5 日
2011 年	6 月 8 日	7 月 1 日	7 月 22 日	8 月 12 日	9 月 2 日

根系生长会与土壤争水，土壤基质吸力的增大会导致作物根系吸水困难，迫使根系向着土壤基质吸力小的地方生长，使根系生长产生向水性。因此，本章研究通过测定土壤基质吸力来直观描述棉花根系生长的胁迫环境。于 2011 年生育期结束后，取 20 ~ 30 cm 土层原状土，采用 1500F1 压力膜仪测定土壤水分与土壤基质吸力的关系并拟合土壤水分特性曲线：

$$S = 635\ 915.76 \times e^{-36.812\ 456 \times \theta_v} \quad (R^2 = 0.997) \tag{4-4}$$

式中　S——土壤基质吸力，kPa；

θ_v——土壤体积含水率，%。

4.2.4　数据处理分析

采用 Excel 2010 对数据进行分析，采用 Surfer 10 和 Matlab 6.0 软件绘图。

4.3　结果与分析

4.3.1　土壤基质吸力

土壤含水率达到毛管断裂含水量时就会对作物根系吸水产生胁迫作用，抑制作物根系的生长。Hill[28] 认为，多数情况下毛管断裂含水量对应的含水率在 0.6 倍的田间持水率以内。不同滴灌条件下土壤湿润区形状不同，毛管断裂含水量界限所覆盖的区域也不同。根据测得的土壤田间持水率和式(4-4)换算出毛管断裂含水量对应的土壤基质吸力为0.55 MPa。选取2010年和2011年棉花花铃期2次灌水间隔内(2010年8月15日和8月23日灌水、2011年7月19日和7月28日灌水)的土壤基质吸力分布情况进行分析,如图4-3、图4-4所示,结果表明,W154对棉花群株根系生长无胁迫作用的土壤湿润区范围呈“窄深型”;W593土壤湿润区为“宽浅型”。

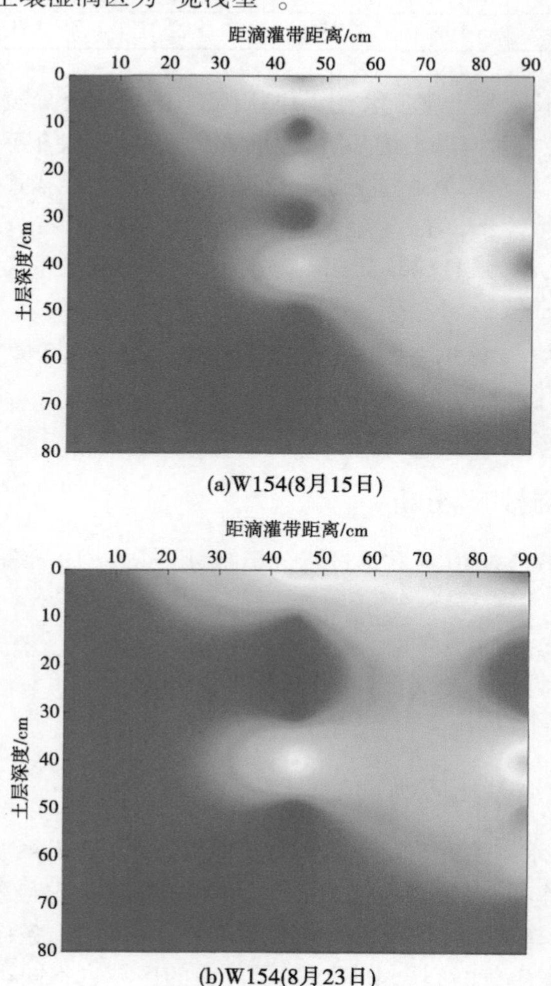

图4-3 不同土壤湿润区类型下土壤基质吸力的分布情况(2010年)

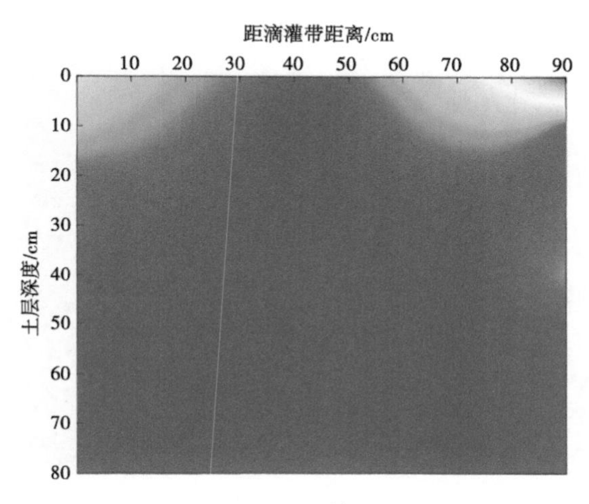

(c)W314(8月15日)

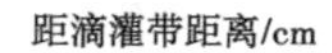

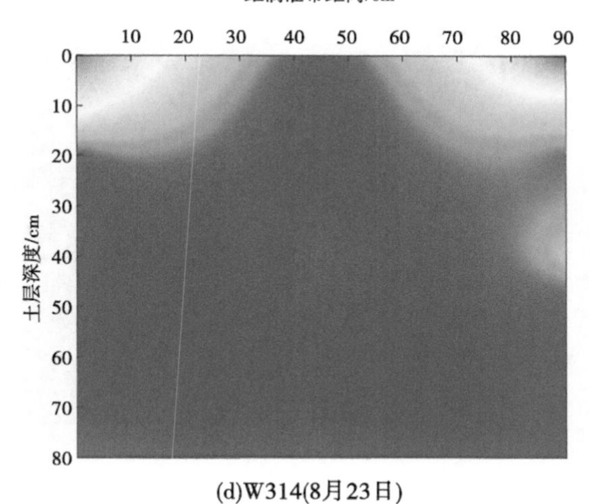

(d)W314(8月23日)

续图 4-3

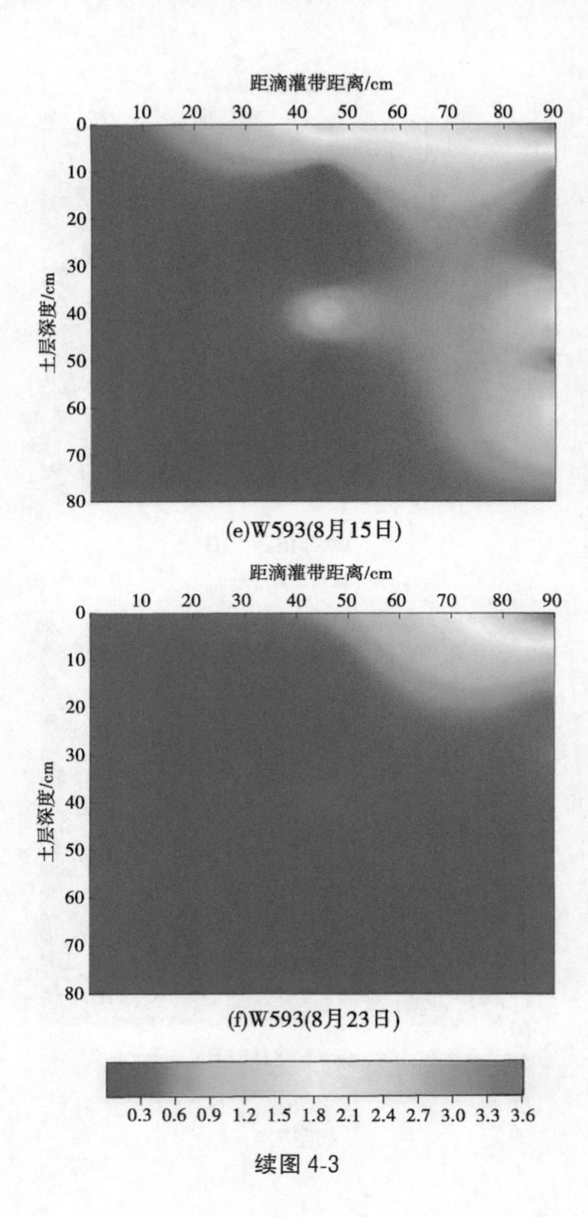
距滴灌带距离/cm
10 20 30 40 50 60 70 80 90
土层深度/cm
0 10 20 30 40 50 60 70 80
(e)W593(8月15日)
距滴灌带距离/cm
10 20 30 40 50 60 70 80 90
土层深度/cm
0 10 20 30 40 50 60 70 80
(f)W593(8月23日)
0.3 0.6 0.9 1.2 1.5 1.8 2.1 2.4 2.7 3.0 3.3 3.6

续图 4-3

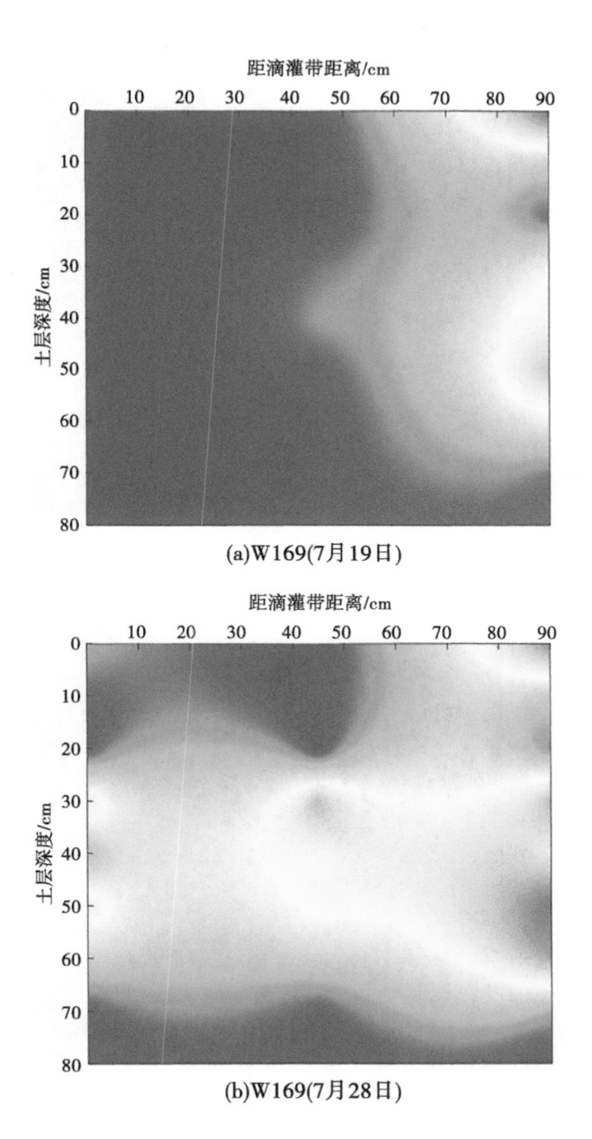

图 4-4　不同土壤湿润区类型下土壤基质吸力的分布情况(2011 年)

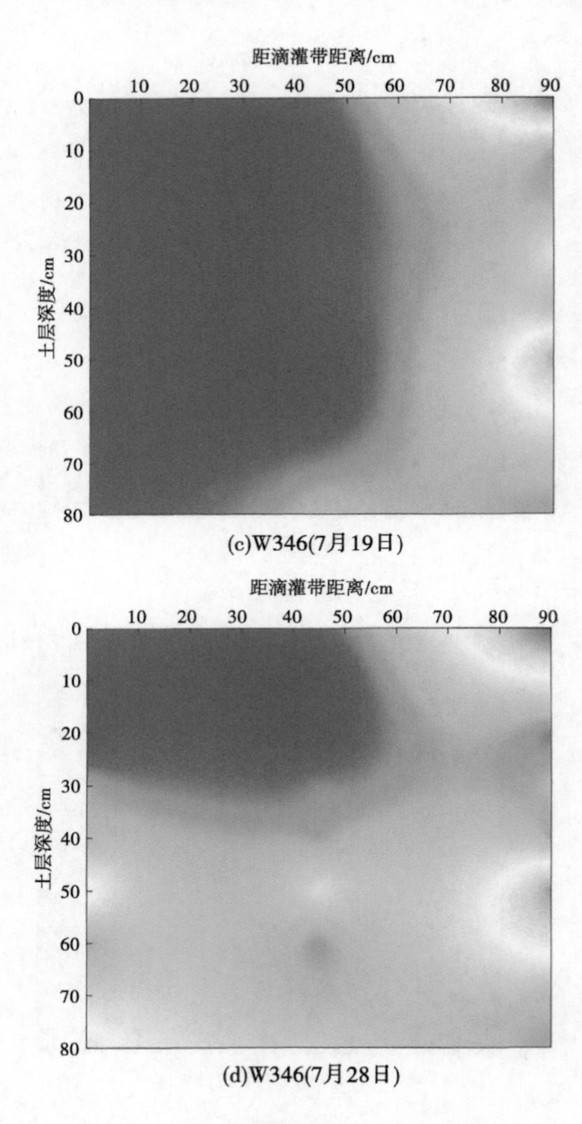

(c)W346(7月19日)

(d)W346(7月28日)

续图 4-4

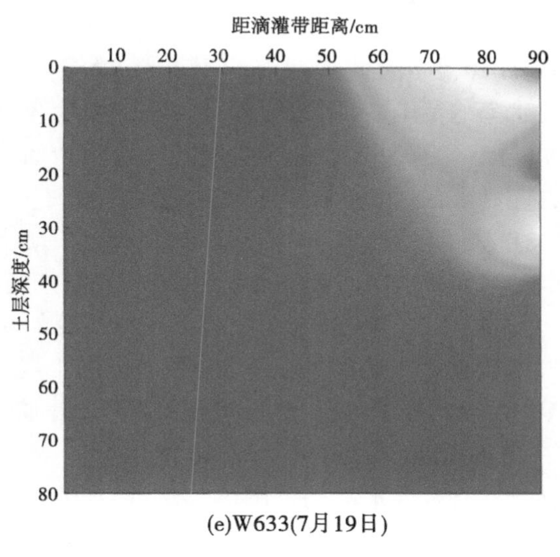

(e)W633(7月19日)

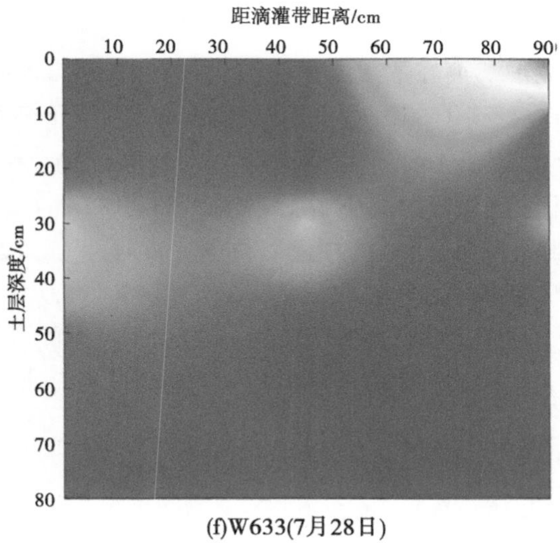

(f)W633(7月28日)

0.3 0.6 0.9 1.2 1.5 1.8 2.1 2.4 2.7 3.0 3.3 3.6

续图 4-4

本章以毛管断裂含水量所对应的土壤基质吸力为标准评价土壤湿润区可以发现,2010 年该灌水周期内,W154 和 W593 的内行棉花均处在土壤有效含水率的范围内,而边行棉花的右侧则处在干旱胁迫状态下(见图 4-3);与毛管断裂含水量所对应的土壤基质吸力相比,W154 和 W593 的边行棉花右侧的土壤基质吸力的均值(8 月 16 日和 8 月 22 日)分别高了 81.6%和 23.3%,对边行棉花根系吸水造成胁迫。

W314 灌水后(8 月 16 日)膜下内行、边行棉花均未受到干旱胁迫;但在下次灌水前(8 月 22 日),W314 的膜下内行棉花的左侧和边行棉花的右侧土壤基质吸力比毛管断裂含水量所对应的土壤基质吸力分别高了 32.6%和 50.8%,膜下内行、边行棉花均受到干旱胁迫。

2011 年该灌水周期内,W169 和 W346 灌水后(7 月 20 日)膜下内行棉花均处在土壤有效含水率的范围内,边行棉花的右侧则处在干旱胁迫状态下(见图 4-4);与毛管断裂含水量所对应的土壤基质吸力相比,W169 和 W346 的边行棉花的右侧土壤基质吸力均值分别高了 191.6%和 188.1%;而在下次灌水前(7 月 27 日),膜下内行、边行棉花的左、右两侧均受到干旱胁迫,即 W169 和 W346 膜下各测点(膜内宽行、膜内窄行和膜外裸地)土壤基质吸力的均值分别比毛管断裂含水量所对应的土壤基质吸力高了 161.7%和 153.5%。W633 只有膜下边行棉花的右侧受到干旱胁迫,并且受胁迫程度远小于其他处理;W633 的膜下边行棉花的右侧土壤基质吸力的均值(7 月 20 日、7 月 27 日)比断裂毛管水所对应的土壤基质吸力高 27.8%。由此可见,宽浅型土壤湿润区的膜内土壤基质吸力分布更利于棉花根系吸水。

4.3.2 根长密度分布

随着生育阶段的推进,棉花根长密度随着生长深度增加而变化,根系分布的外形同样有所改变。在各取样点之间,将棉花根系有效深度(能够取到可识别根系的深度)内的根长密度连成线,得到根长密度包络线,反映不同生育阶段棉花根系的三维分布,见图 4-5、图 4-6。本章采用不同生育阶段膜下内行、边行棉花根长密度的增长率的均值分析

根系生长深度随时间的变化，由表 4-3 可知，土壤湿润区不会改变棉花根系向深度方向的生长速率，即棉花蕾期和花铃后期处于快速增长阶段，而花铃前期和吐絮期则增长缓慢或呈下降趋势。但是不同土壤湿润区处理的棉花根长密度的增长幅度存在差异。2010 年，W154、W314 和 W593 的棉花蕾期和花铃后期根长密度向深度方向的增长率均值分别为 46.1%、84.4% 和 99.7%。2011 年，W169、W346 和 W633 的棉花蕾期和花铃后期根长密度增长率的均值分别为 46.4%、54.1% 和 66%。说明宽浅型土壤湿润区有利于根系利用深层土壤中的水分和养分，使棉花根系在根区土壤中分布更为合理。

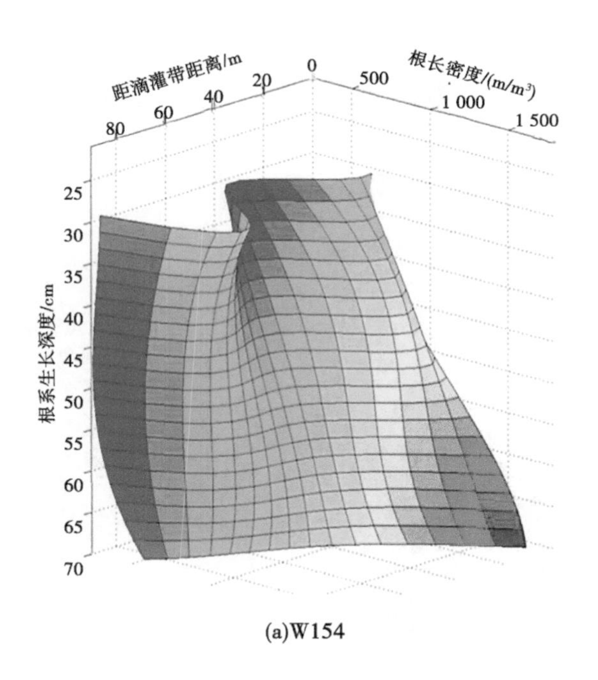

(a)W154

图 4-5　不同土壤湿润区类型下根长密度分布(2010 年)

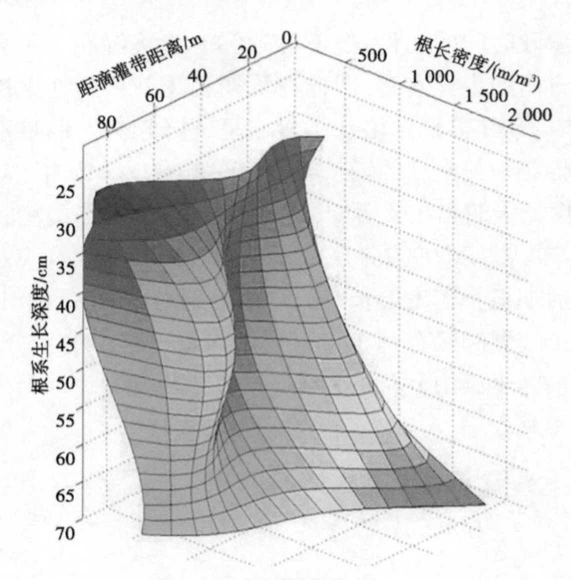

(b)W593

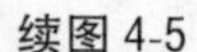
续图 4-5

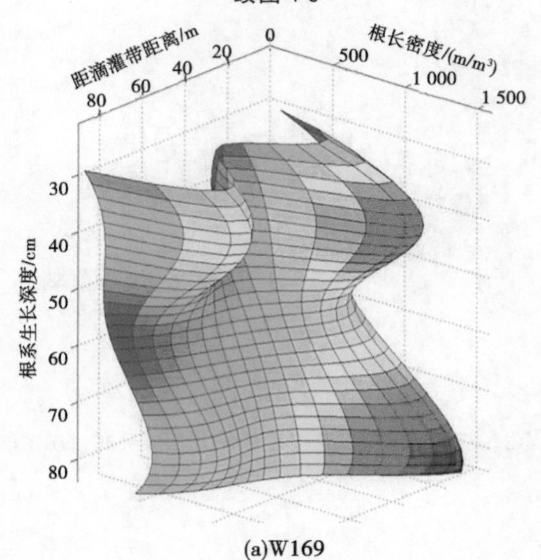

(a)W169

图 4-6　不同土壤湿润区类型下根长密度分布(2011 年)

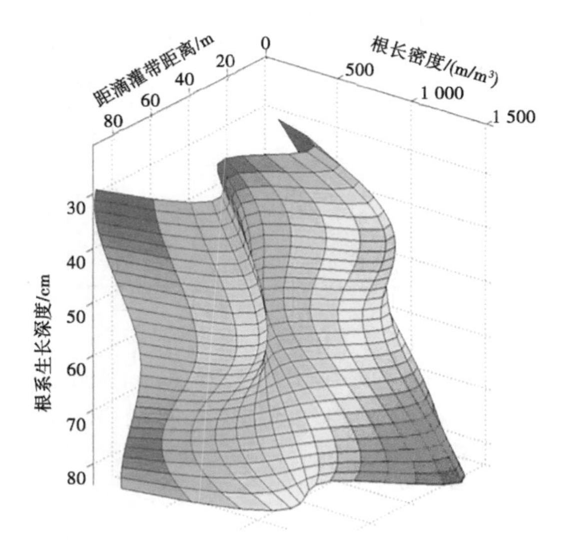

(b)W346

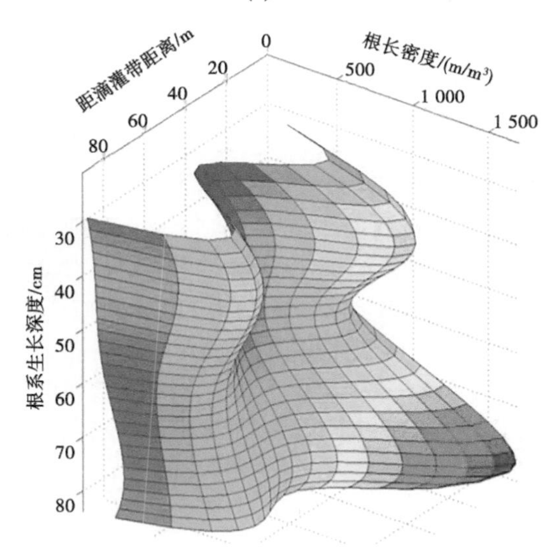

(c)W633

续图 4-6

表 4-3　根长密度增长率　　%

生育阶段	2010 年			2011 年		
	W154	W314	W593	W169	W346	W633
苗期—蕾期	80.6	112.6	116.0	60.2	88.8	92.5
蕾期—花铃前期	15.5	12.0	18.4	−15.9	−1.9	−18.6
花铃前期—花铃后期	11.5	56.1	83.4	32.6	19.4	39.5
花铃后期—吐絮期	7.1	−15.5	−12.1	2.8	25.8	2.5

试验结果还显示,不同土壤湿润区膜下棉花根长密度水平空间上的最大值基本都出现在膜下宽行范围内,并在膜下内行、边行棉花根轴处(距离滴灌带 30 cm、60 cm)出现峰值。然而,土壤湿润区类型不同,膜下内行、边行棉花根轴处根长密度的分布也不同;其中,W154 的膜下内行棉花根长密度始终很大,而边行棉花根长密度始终很小,但是 W154 的棉花苗期和蕾期在膜下内行、边行棉株根轴处大致形成 2 个根长密度峰值,而随着生育进程的推进,棉花根长密度沿水平方向的分布由生育初期的双峰曲线形式变为生育后期的单峰曲线形式,即在内行棉株处形成峰值,边行峰值不明显。W154 的膜下内行、边行棉花根长密度的均差值为 257.7 m/m^3。

W593 的膜下内行、边行棉花根长密度的峰值都较明显,膜下内行、边行棉花根长密度均差值为 148.4 m/m^3;而 W314 的膜下宽行、窄行棉花根长密度水平分布略有不同,峰值基本上出现在膜下内行棉株和膜下窄行处,但其膜下内行、边行棉花根长密度均差值较小,仅为 104.2 m/m^3。2011 年试验结果与 2010 年相类似,W169、W346 和 W633 的膜下内行、边行棉花根长密度均差值分别为 334.3 m/m^3、224.7 m/m^3 和 216.2 m/m^3。从膜下棉花根系分布可以看出,膜下滴灌土壤湿润区越宽浅,越有利于根系生态构型的改善,膜下根系分布越均匀。

4.3.3　根系潜在吸水能力

作物根系的潜在吸水能力与其根长密度成正相关:

$$S_{\max}(t) \propto \int_0^{L_r(t)} \mathrm{RLD}(z,t)\,\mathrm{d}z \tag{4-5}$$

式中 $S_{max}(t)$——作物根系潜在吸水通量;

$L_r(t)$——根系生长深度。

即对根长密度包络图沿根系生长深度进行积分,其结果可以反映棉花根系的最大吸水能力。为了分析内行和边行棉花根系的潜在吸水能力以及考虑到所测数据的离散性,分别对两行的棉花根长密度进行数值积分。

当土壤水分空间分布较均匀时,棉花整体上形成三维“伞”状根系分布(高超 等,2018)(见图 4-5、图 4-6),即根长密度分布以根轴处为对称。以 W633(2011 年 9 月 2 日取样)棉花群株根系的根长密度水平分布为例,对距离滴灌带 0 cm(膜下宽行)、30 cm(内行棉株)、45 cm(膜下窄行)、60 cm(边行棉株)和 90 cm(膜外裸地)处棉花根长密度(分别记作 R_0、R_{30}、R_{45}、R_{60} 和 R_{90})进行分析[(见图 4-7(a)],根长密度峰值基本出现在膜下内行、边行棉花根轴处(距离滴灌带 30 cm、60 cm)。由于棉花群株根系之间存在根长重叠分布,要分析单株棉花根长密度并对其进行积分,首先要将根长重叠处的密度值分开。为了处理简便,本章采用算数平均方法分割根长重叠处的根长密度,如 R_0 和 R_{90} 为根系某一生长深度所对应的膜内宽行测点和膜外裸地测点中心处总根长密度值,也即分别为 2 个内行和边行棉花的根长密度叠加值,因此距离滴灌带 0 cm 处的内行棉花的根长密度值可设为 $R_{in-0}=R_0/2$,而距离滴灌带 90 cm 处的边行棉花的根长密度值可设为 $R_{out-90}=R_{90}/2$。膜下内行、边行根系在距离滴灌带 45 cm 处竞争性生长,以内行、边行棉花根轴处的根长密度值代表其在距离滴灌带 45 cm 处的竞争水平,根据各自所占内行、边行根轴处总根长密度值的比重对距离滴灌带 45 cm 处的根长进行分割,可将距离滴灌带 45 cm 处的内行棉株根长密度设为 $R_{in-45}=[R_{30}\div(R_{30}+R_{60})]\times R_{45}$。于是,得到由 R_{in-0}、R_{30}、R_{in-45} 和 R_{out-45}、R_{60}、R_{out-90} 形成的 2 个三角形区域[见图 4-7(b)],三角形面积 A_{in} 和 A_{out} 就可分别近似表达某一根系生长深度处所对应的膜下内行、边行棉花根长密度沿水平方向的积分,即棉花根系在某生长深度处所对应的潜在吸水能力。由根长密度包络图可知,各行棉花的根长密度随根系生长深度变化,而根系生长深度随时间变化,因此,将 A_{in} 和 A_{out} 分别沿根系生长深度累加(沿生长时间累加),得到内行、边行棉花根系潜在吸水能力随时间的变化关系,如图 4-8、图 4-9 所示。

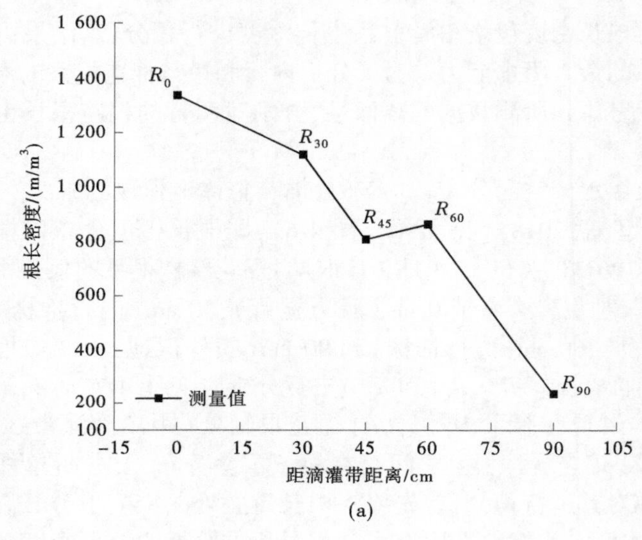

(a)

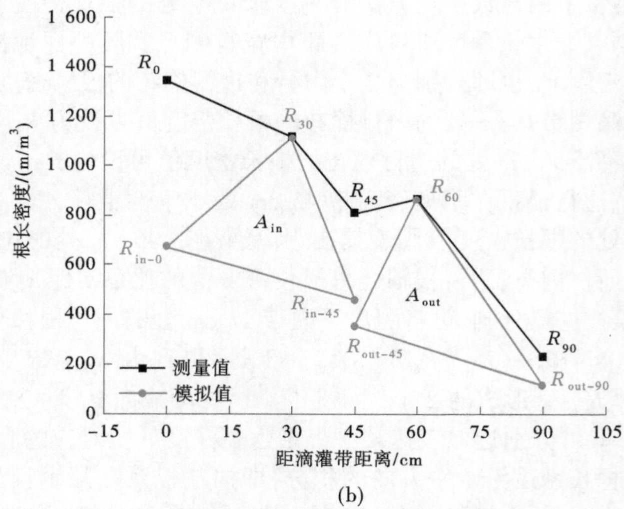

(b)

图 4-7　根长吸水能力计算过程

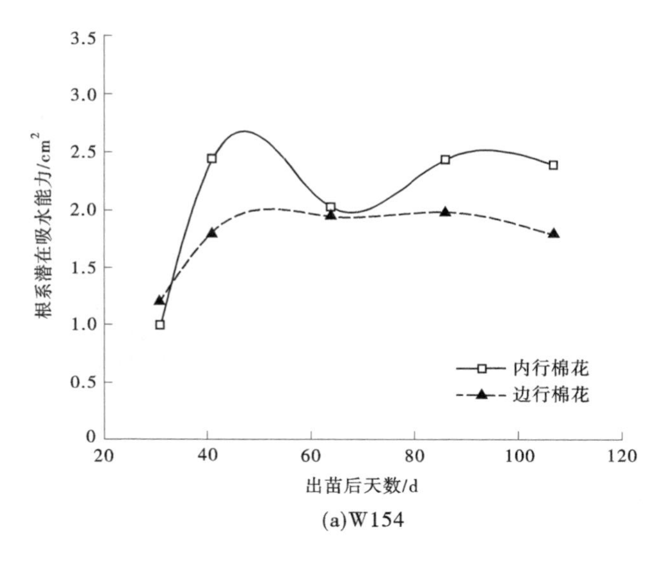

(a)W154

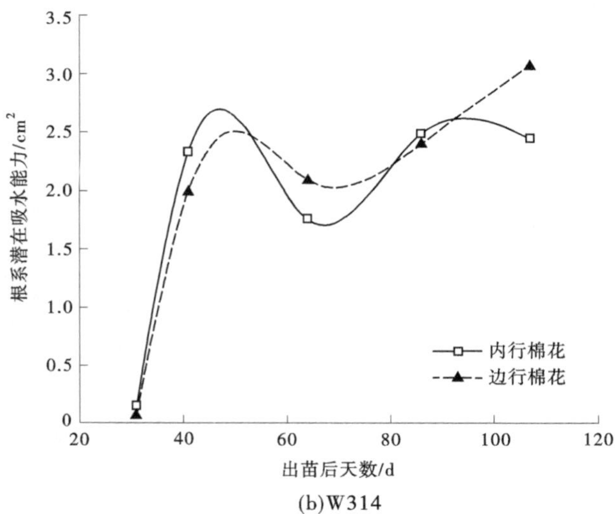

(b)W314

图 4-8　内行、边行棉花根系潜在吸水能力(2010 年)

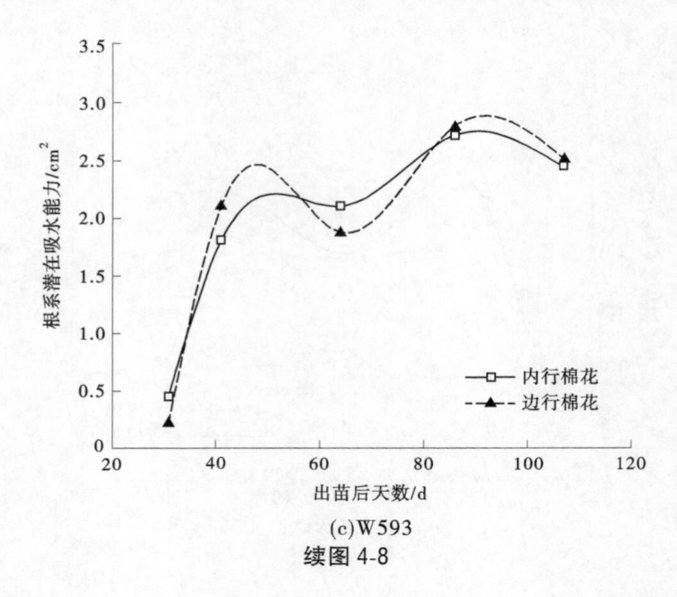

(c)W593

续图 4-8

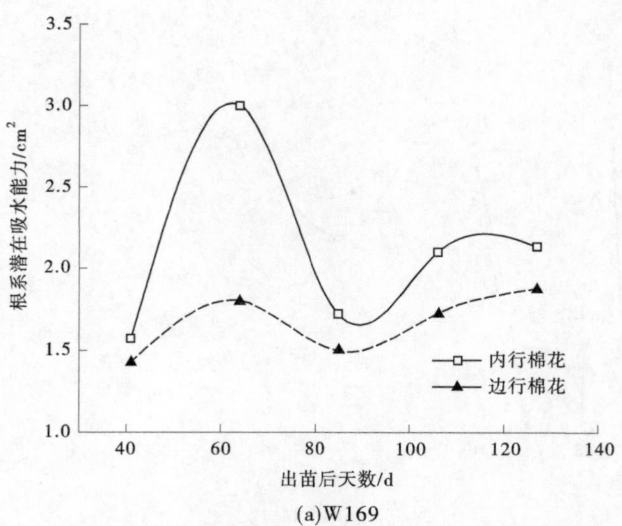

(a)W169

图 4-9　内行、边行棉花根系潜在吸水能力(2011 年)

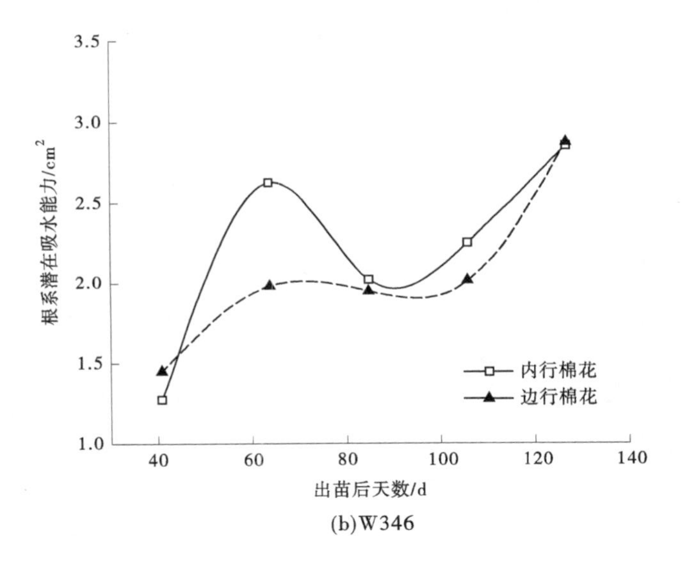

(b)W346

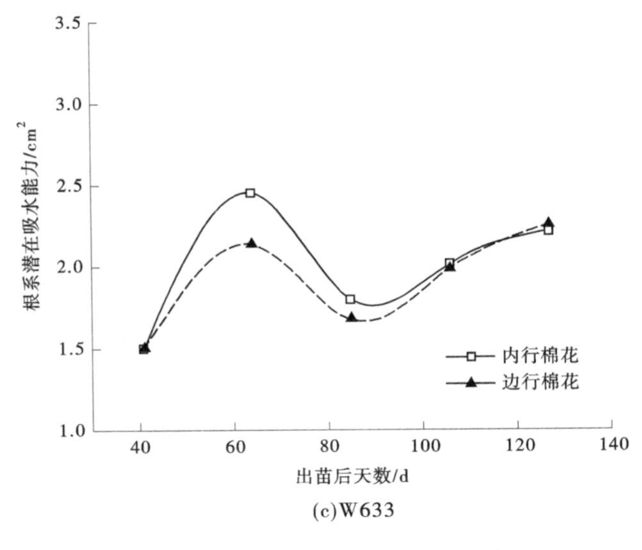

(c)W633

续图 4-9

对 2010 年和 2011 年棉花根长密度与根系潜在吸水能力进行回归分析，发现棉花根长密度与根系潜在吸水能力呈正相关（见图 4-10），与公式(4-5)所述结论相一致。

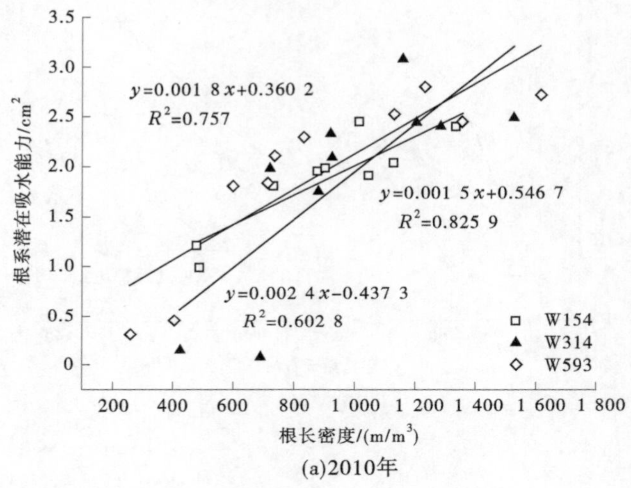

(a)2010年

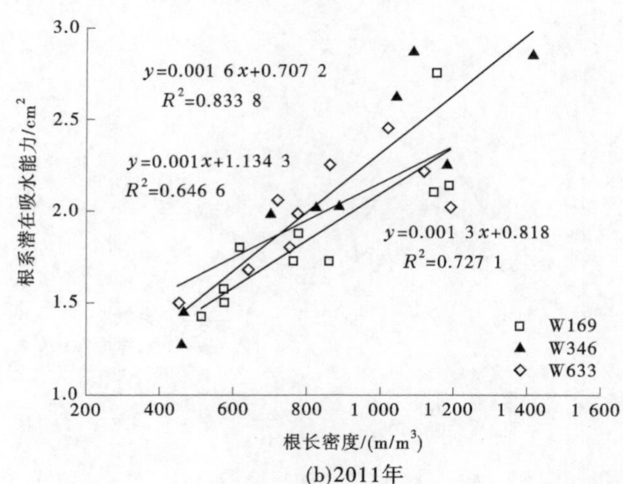

(b)2011年

图 4-10 根长密度与根系潜在吸水能力相关关系

结果显示两种土壤湿润区下的边行棉花的根系潜在吸水能力都小于内行棉花根系的潜在吸水能力，但是，随着土壤湿润区类型由窄深型变为宽浅型，边行与内行棉花的根系潜在吸水能力相差越来越小。2010 年，W154 的膜下内行、边行棉花根系潜在吸水能力均差值为 0.31 cm^2；而 W314 和 W593 膜下的内行、边行棉花根系潜在吸水能力无明显差异，其均差值分别仅为 -0.09 cm^2 和 0.02 cm^2。2011 年，W169、W346 和 W633 的膜下内行、边行棉花根系潜在吸水能力均差值分别为 0.39 cm^2、0.15 cm^2 和 0.10 cm^2。宽浅型土壤湿润区不仅使膜内各行间棉花根系均匀分布，根系吸水能力也无明显差异，说明土壤湿润区类型对棉花根系生长有显著的调控作用。

4.4　讨　论

根系在土壤中的分布具有向水性，不同的滴头流量造成土壤水分分布差异，直接影响作物根系生长和分布。胡晓棠等[29]的研究指出，滴灌条件下土壤湿润区的变化将导致根系分布状况发生变化；然而，前人的相关研究工作主要关注单株棉花根长密度沿土层深度方向或水平方向的变化规律[2,8]，其成果对滴灌土壤湿润区设计和滴管带间距设计的帮助有限。本章以棉花群株根系根长密度空间分布和根系生长深度构建根长密度包络线图，揭示棉花群株根系的生态结构对土壤湿润区类型的响应，并以此分析膜下内行、边行棉花根系潜在吸水能力随时间的变化规律。2010 年试验结果显示，W154（窄深型土壤湿润区）膜下边行土壤基质势较低，不利于作物根系生长，根长密度分布呈单峰型，边行棉花根系生长受到胁迫，并向膜下宽行处分布；而且膜下内行、边行棉花根系潜在吸水能力存在较大差异。W593（宽浅型土壤湿润区）和 W314（对照处理）膜内土壤水分环境利于根系吸水，根长密度分布呈双峰型，膜内各行棉花根系均正常生长。W154 分别与 W314 和 W593 的膜下内行、边行棉花根系吸水能力的均差值分别为 0.23 cm^2、-0.18 cm^2 和 0.16 cm^2、-0.17 cm^2，即 W154 的膜下边行棉花根系潜在吸水能力始终小于后两个处理的棉花的同类指标。2011 年的试验结

果进一步验证棉花根系生态结构对滴灌土壤湿润区响应的这一规律。试验结果初步证明了宽浅型土壤湿润区在膜下内行、边行之间根区土壤水分、根系生长和根系潜在吸水能力的均匀性较高，与对照处理无显著差异，并且起到了减少滴灌带用量而节省投资的作用。

综合2010年和2011年的棉花根长密度包络图可知，不同土壤湿润区的棉花根系生长深度均呈快—慢—快—慢的变化过程，即在蕾期和花铃后期出现较大幅度的增长。这是因为苗期为棉花根系的发展期，而当棉花现蕾后，根系进入生长旺盛期，侧根生长加快[30]；随着生育进程的延续，受到地上部生长发育与根系竞争养分的影响[31]，作物果实向根系传递信息物质[32]，棉花生长中心开始由地下转移至地上部器官，导致花铃初期棉花根长密度包络线增长率降低；花铃期达到根系吸收高峰期，根毛的生长十分旺盛，但主根与侧根的生长开始减弱[33]。本章研究显示，不同土壤湿润区的棉花根长密度向深度方向的增长率存在差异，随着土壤湿润区类型由窄深型变为宽浅型，棉花根长密度的增长率增大，因此宽浅型土壤湿润区棉花根系能利用深层土壤中的水分及养分，进而可提高深层土壤资源的利用效率。

2010年和2011年试验结果还显示，窄深型土壤湿润区棉花根系水平方向分布由生育初期（苗期、蕾期）的双峰曲线变为生育后期（花铃期、吐絮期）的单峰曲线分布，而宽浅型土壤湿润区棉花根系水平方向始终呈双峰曲线分布，这与李东伟（2018）前期试验结果相一致。主要是因为受到春季融雪的影响，棉花苗期和蕾期的膜内整体土壤基质吸力较小，各处理的膜下内行、边行棉株在水平方向呈双峰曲线分布；而随着生育进程的推进，棉花进入生殖生长阶段，膜内土壤湿润范围主要受灌水的影响[34]，随着滴头流量的增大，土壤水分水平扩散速度加快[35]，宽浅型土壤湿润区满足膜下内行、边行棉花根系吸水，棉花根系均匀生长；而窄深型土壤湿润区小，边行土壤基质吸力较大，对棉花根系分布和根系结构的约束作用强，影响初生根或侧根的生长，导致边行棉花根系的根长密度值减小，最终形成只有内行棉株处单峰值的棉花根长密度分布。

本章利用根长密度包络图沿深度方向进行积分，模拟了不同土壤

湿润区膜下内行、边行棉花根系吸水能力随时间的变化过程（见图4-8、图4-9）。试验结果表明，虽然宽浅型土壤湿润区边行棉花受到干旱胁迫，但较窄深型土壤湿润区小很多，膜下土壤湿润区与棉花群株根系分布相匹配，膜下内行、边行棉花根系潜在吸水能力无明显差异，棉花根系分布均匀；而窄深型土壤湿润区小于膜下棉花群株根系分布范围，膜下边行棉花根系受到干旱胁迫，限制根系吸水，膜下边行棉花根系潜在吸水能力明显小于内行，且明显小于宽浅型土壤湿润区边行棉花根系的潜在吸水能力，窄深型土壤湿润区（W169）与宽浅型土壤湿润区（W633）膜下边行棉花潜在吸水能力的均差值为0.24 cm^2。

膜下滴灌技术设计中，土壤湿润区的选取仍然按照无膜滴灌条件取值[36]，这在理论上和实践上都存在不合理之处，因为地膜边缘要埋于土层内一定深度，对土壤水分的入渗宽度有一定的影响，进而会影响到种植在地膜边缘的作物的生长。当土壤湿润区小于根系分布范围时，生长在滴灌土壤湿润区边缘的作物产量低于生长在湿润区内部的作物产量[15,17,27]；而当土壤湿润区大于根系分布范围时，则会造成土壤水分流失[37]。因此，滴灌制度的制定必须充分考虑土壤湿润体与作物根系的相互关系（Euggnio et al.，1999；张妙仙，2005），对于棉花膜下滴灌技术来说，应考虑整个覆膜宽度内的土壤湿润范围与群株棉花根系分布的匹配程度。通过增大滴灌带滴头流量来提高土壤湿润区范围，进而减少田间滴灌带数量，是滴灌技术设计时应考虑的主要因素之一。

4.5　结　论

主要从两个方面下结论：

（1）从滴灌土壤湿润区类型与棉花根长密度包络图形状的关系上反映棉花群株根系生态结构对土壤湿润区类型的响应特征。

（2）滴灌土壤不同湿润区类型导致的棉花各行间根系吸水能力的差异。

参考文献

[1] Ju C, Buresh R J, Wang Z, et al. Root and shoot traits for rice varieties with higher grain yield and higher nitrogen use efficiency at lower nitrogen rates application [J]. Field Crops Research,2015(175):47-55.

[2] 方怡向,赵成义,串志强,等. 膜下滴灌条件下水分对棉花根系分布特征的影[J]. 水土保持学报,2007(5):96-100,200.

[3] Eugenio F , Coelho ,Or D. Root distribution and water uptake patterns of corn under surface and subsurface drip irrigation[J]. Plant and Soil,1999, 206(2): 123-136.

[4] Alireza N ,Heinrich G,HansPeter K , et al. Wheat root diversity and root functional characterization[J]. Plant and Soil,2014, 380(1/2): 211-229.

[5] 蔡昆争. 作物根系生理生态学[M]. 北京:化学工业出版社,2011.

[6] Heinen M , Mollier A , Willigen P. Growth of a root system described as diffusion. Ⅱ. Numerical model and application[J]. Plant and Soil,2003,252(2):251-265.

[7] Li Mingsi. Root architecture and water uptake for cotton under furrow and mulched trickle irrigation[J]. Journal of Experimental Botang, 2003:484-490.

[8] 危常州,马富裕,雷咏雯,等. 棉花膜下滴管根系发育规律的研究[J]. 棉花学报,2002(4):209-214.

[9] Glimskär A. Estimates of root system topology of five plant species grown at steady-state nutrition[J]. Plant and Soil,2000,227(1/2): 249-256.

[10] Hans L, Micheal W , Micheal D, et al. Root structure and functioning for efficient acquisition of phosphorus: matching morphological and hysiological traits [J]. Annals of Botany,2006, 98(4): 693-713.

[11] Ning S, Shi J,Zuo Q, et al. Generalization of the root length density distribution of cotton imder film mulched drip irrigation [J]. Field Crops Research, 2015 (177): 125-136.

[12] Kalogiros D, Micheal O, Philip J, et al. Analysis of root growth from a phenotyping dataset using a density-based model[J]. Journal of Experimental Botany, 2016, 67(4): 1045-1058.

[13] 高超,李明思,蓝明菊. 土壤水分空间胁迫对棉花根系构型的影响[J],棉花学报,2018,30(2):180-187.

[14] Kumar K, Achutha K. Root distribution by depth for temperate agricultural crops [J]. Field Crops Research,2016(189):68-74.

[15] 王允喜,李明思,蓝明菊. 膜下滴灌土壤湿润区对田间棉花根系分布及植株生长的影响[J]. 农业工程学报,2011,27(8):31-38.

[16] 李东伟,李明思,刘东,等. 膜下滴灌土壤湿润范围对棉花根层土壤水热环境和根毛耗水的影响[J]. 应用生态学报,2015,26(8):2437-2444.

[17] Colombo A, Or D. Plant water accessibility function: A design and management tool for trickle irrigation[J]. Agricultural Water Management, 2005, 82(1): 45-62.

[18] 曹伟,魏光辉,李汉飞. 干旱区不同毛管布置方式下膜下滴灌棉花根系分布特征研究[J]. 灌溉排水学报,2014,33(Z1):159-162.

[19] 李鲁华,李世清,翟军海,等. 小麦根系与土壤水分胁迫关系的研究进展[J]. 西北植物学报,2001(1):1-7.

[20] Oppelt A L, Kurth W, Godbold D L. Topology, scaling relations and Leonardo's rule in root systems from African tree species[J]. Tree Physiology,2001, 21(2-3): 117-128.

[21] Martínez-Sánchez J, Ferrandis P, Trabaud L, et al. Comparative root system structure of post-fire pinus halepensis mill. and cistus monspeliensis L saplings [J]. Plant Ecology,2003 ,168(2):309-320.

[22] Hodge A, Berta G, Doussan C, et al. Plant root growth, architecture and function[J]. Plant and Soil,2009, 321(1-2): 153-187.

[23] Gao Y, Lynch J P. Reduced crown root number improves water acquisition under water deficit stress in maize (*Zea mays* L.)[J]. Journal of Experimental Botany, 2016. 67(15):4545-4557.

[24] 张杰,王力,赵新民. 我国棉花产业的困境与出路[J]. 农业经济问题,2014,35(9):28-34,110.

[25] 严以绥. 膜下滴灌系统规划设计与应用[M]. 北京:中国农业出版社,2003.

[26] 张妙仙. 滴灌土壤湿润体与作物根系优化匹配研究[J]. 中国生态农业学报,2005(1):110-113.

[27] 李东伟,李明思,周新国,等. 土壤带状湿润均匀性对膜下滴灌棉花生长及水分利用效率的影响[J]. 农业工程学报,2018,34(9):130-137.

[28] Hill D. Introduction to Environmental Soil Physics [M]. Elsevier Science (USA), Academic Press, 2004.

[29] 胡晓棠,陈虎,王静,等. 不同土壤湿度对膜下滴灌棉花根系生长和分布的影响[J]. 中国农业科学,2009, 42(5):1682-1689.

[30] 李垚垚,刘海荷,陈金湘,等. 棉花根系研究进展[J]. 作物研究,2008,22(S1):449-452.

[31] Guinn G. Hormonal relations during reproduction[J]. Cotton Physiology, 1986(12):113-136.

[32] Nooden L, Letham D. Cytokinin metabolism and signalling in the soybean plant. [J]. Functional Plant Biology, 1993, 20(5): 639-653.

[33] 董志强,舒文华,张保明,等. 棉花不同土层侧根还原力差异初探[J]. 作物学报,2005(2):219-223.

[34] 李光永,曾德超,郑耀泉. 地表点源滴灌土壤水分运动的动力学模型与数值模拟[J]. 水利学报,1998(11):22-26.

[35] 李明思. 膜下滴灌灌水技术参数对土壤水热盐动态和作物水分利用的影响[D]. 杨凌:西北农林科技大学,2006.

[36] 李明思,郑旭荣,贾宏伟,等. 棉花膜下滴灌灌溉制度试验研究[J]. 中国农村水利水电,2001(11):13-15.

[37] Thorburn P J, Cook F J, Bristow K L. Soil-dependent wetting from trickle emitters: implications for system design and management[J]. Irrigation Science, 2003,22(3-4): 121-127.

第5章 覆膜滴灌条件下的土壤盐分表聚特征研究

5.1　引　言

5.1.1　研究意义

新疆地区不仅干旱缺水,而且土壤盐渍化分布面积广,占灌区耕地总面积的 32.07%[1]。膜下滴灌被视作是高效节水及驱盐的主要技术,在该地区得到广泛应用[2]。但由于膜下滴灌技术“浅灌勤灌”的特点,其在理论上达不到淋洗脱盐的效果,只能将土壤盐分压制在根层以下及驱离到膜外空间[3-4],在地表蒸发作用下膜外土壤出现盐分表聚特征[5-7]。土壤盐分表聚现象将驱动灌区土地资源的演变,从而影响区域生态环境[8]。因此,掌握膜下滴灌条件下的土壤盐分表聚特征是新疆地区研究土壤盐渍化治理技术的重要依据,也是改良与利用盐碱地需要解决的首要问题[9]。

5.1.2　研究进展

盐分表聚是一个复杂的过程,许多因素都会影响到该过程的演变,如土壤含水率、土壤含盐量、环境温度、环境湿度、土壤质地、土壤水力特性等。Yakirevich 等[10]通过试验和数学模型分析了地表蒸发速率与表土溶液浓度之间的关系。Grunberger 等[11]指出在蒸发作用下运移到地表的盐分会产生结晶,沉淀后将堵塞土壤毛管孔隙,从而增加水汽扩散的阻力。另外,有学者针对盐分表聚对土壤理化性质及生态环境的影响等问题开展了相关研究。李小刚等[12]指出,随着表土含盐量的增加,土壤团聚体的稳定性显著降低,黏粒的分散性显著增加;且含盐量的增加会显著降低土壤的蒸发速率。Fujimaki 等[13]认为表土含盐量的高低影响土壤溶液浓度,从而改变土水势,影响表土水分运行和盐分迁移。彭振阳等[14]指出,在土壤盐分没有结晶时,溶质势是引起地表蒸发速率降低的主要原因;当地表土壤存在水盐补给时,含盐土壤的蒸发速率明显降低。赵莉等[15]认为表层土壤盐分的富集会严重危害作物的生长。刘东伟等[16]总结了地面表聚盐分在风蚀作用下形成的盐尘暴及其对生态环境的影响,指出盐尘暴会加速内陆河河源的冰雪消融,对植物叶片气孔的呼吸有阻碍作用,甚至会毒害植物。

5.1.3 切入点

前人对土壤盐分表聚的研究重点均放在了盐分表聚的“后果”上面,而关于盐分表聚的过程和机制问题则阐述的不多。实际上土壤盐分表聚问题在多个技术领域都会对人们的生产和生活产生不同程度的影响,了解其产生的机制和影响因素对寻找应对该问题的策略很有帮助。

5.1.4 拟解决的关键问题

本研究以盐碱土为研究对象,通过室内试验探究膜下滴灌条件下盐分表聚的动态变化过程和土壤水盐运移机制,揭示盐分聚集速率与水、热、盐之间的相互作用机制。研究结果可为深入了解覆膜滴灌农田土壤水盐运动规律提供帮助。

5.2 材料与方法

5.2.1 供试材料

5.2.1.1 滴灌条件下盐分分布特征试验

试验于 2018 年 6~10 月在石河子大学水利建筑工程学院水利与

土木工程实验中心(86°03′31″E,44°18′21″N,海拔 451 m)进行。试验系统由滴灌供水装置、土槽、蒸发强度模拟装置等组成。其中,采用医用吊瓶和针头模拟滴灌供水装置,吊瓶距土体表面 2 m 高处。试验土槽由透明有机玻璃制成,尺寸为 100 cm×20 cm×80 cm(长×宽×高),土槽底部铺置 20 cm 厚砾石垫层模拟透水界面,垫层上覆 10 mm 厚、相邻孔距为 50 mm 的多孔 PVC 隔板,板上依次放置与隔板面积大小相同的纱网及滤纸(防止土粒堵塞多孔板及装土过程中土粒泄漏至砾石垫层),然后再装土。蒸发强度模拟装置由 275 W 红外线辐射灯及可调速风扇组成。红外线辐射灯悬挂在距表土 55 cm 处,风扇放置在距土槽 3 m 处。具体试验装置如图 5-1 所示。

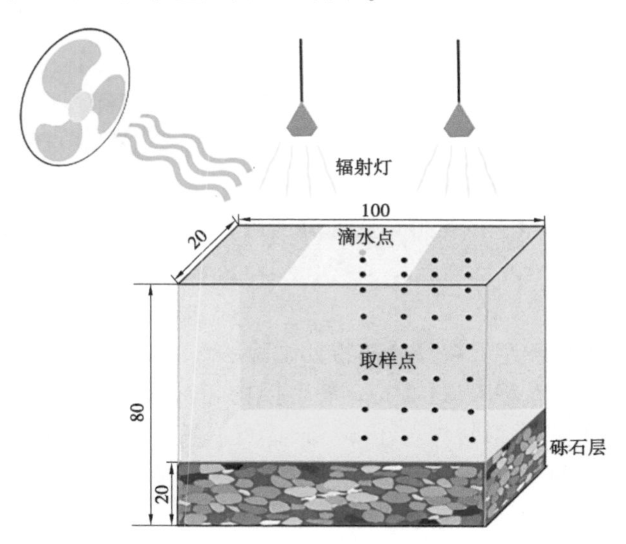

图 5-1　土槽结构与取样点分布图　(单位:cm)

试验采用 2 种质地土壤进行,土壤均取自石河子大学实验农场 0~20 cm 深度的耕作层。采用环刀法测定土壤干体积质量,采用排水法测定土壤田间持水率。根据新疆盐碱土土壤类型[17],采用无水硫酸钠溶解后用淋喷的方法对试验用土进行配盐,用筛分法及比重计法测定其粒径组成,土壤颗粒分级采用卡庆斯基制土壤分类法[18],土壤理化特征见表 5-1。

表 5-1　供试土壤基本理化特征

土壤类型	黏粒量(<0.01 mm)/%	土壤干体积质量/(g/cm^3)	风干含水率/%	田间持水率/%	孔隙率/%	含盐量/(g/kg)
沙土	8.68	1.58	1.57	17.39	39.79	14.72
壤土	26.91	1.45	1.92	26.46	42.07	33.50

注:表中含水率均为质量含水率(%)。

5.2.1.2　表层土壤盐分累积过程试验

由于该试验以表层土壤为研究对象,为避免土壤水盐运动对蒸发过程产生影响,参照彭振阳等[14]设计的单位厚度土层装置模拟表土蒸发过程。试验于 2018 年 11 月至 2019 年 2 月在石河子大学水利建筑工程学院实验中心进行。试验装置由蒸发皿及恒温箱组成。蒸发皿为圆柱形,内径 120 mm。为了便于控制和监测试验过程中的环境参数,蒸发试验在恒温箱中进行。试验所用滴水装置、土壤质地与 5.2.1.1 节相同。所用沙土和壤土的盐分本底值分别为 23.52 g/kg 和 24.42 g/kg。

5.2.2　研究方法

5.2.2.1　滴灌条件下盐分分布特征试验

土壤经风干、碾碎、过 2 mm 筛后拌均匀,按设计土壤体积质量分层装填入土槽内。最终填土至 60 cm 高度。装土完成后使土体自然稳定 1 d 后开始试验。滴灌前,在土槽表面的中间位置覆盖 30 cm×20 cm(长×宽)规格的地膜,膜边缘埋入土内 1.5 cm,滴水点距膜边 15 cm(见图 5-1)。滴头流量控制在 1.8 L/h,灌水量为 55 mm,滴灌水矿化度为 0.35 g/L。

设置通风干燥处理(TF)及通风加表土辐射干燥处理(TFFS)进行对照试验,观测膜下滴灌条件下不同质地土壤在不同蒸发强度下的盐分分布特征。其中,通风干燥处理是在滴灌结束后采用调速风扇调控蒸发强度;通风加表土辐射干燥处理是在滴灌结束后采用 275 W 红外线辐射灯及风扇共同调控蒸发强度。红外线辐射灯和风扇均于每日 10:00~21:00

为打开状态。自制微型土壤蒸发器测表土日蒸发量。具体试验方案如表 5-2 所示。

表 5-2　试验方案布置及土壤日平均蒸发量

土质	蒸发处理	灌水量/mm	日平均蒸发量/(mm/d)	重复次数
S	TFFS	55	2. 82	3
S	TF	55	1. 91	3
L	TFFS	55	2. 79	3
L	TF	55	1. 79	3

注:S 表示沙土;L 表示壤土。

5. 2. 2. 2　表层土壤盐分累积过程试验

培养皿中沙土和壤土的质量分别为 330 g 和 300 g,干体积质量与土槽中的相同;对其分别滴水 90 mL,滴水矿化度为 0. 15 g/L。滴水结束后称样品总质量(滴灌后的土壤+培养皿),然后将其放入恒温箱中。对沙土和壤土分别设置 6 个温度处理(20 ℃、25 ℃、30 ℃、35 ℃、40 ℃、45 ℃),共计 12 个处理,每个处理设置 6 组重复。试验过程中定时从恒温箱中取出样品并称其质量;同时,提取土壤表层 2 mm 厚度土样测相应的表层含盐量,计算土壤含水率与表层含盐量之间的相互关系。直到土样质量含水率变化幅度在±5 %范围内为止,结束该温度条件下的试验。

5. 2. 3　样品测试

灌水结束 96 h 后,用直径 1 cm 的土钻分别在膜内(滴头下方、距滴头水平距离 10 cm)及膜外(距滴头水平距离 25 cm、距滴头水平距离 40 cm)位置处取样,取样深度分别为 0～2 cm、2～5 cm、5～10 cm、10～20 cm、20～30 cm、30～40 cm、40～50 cm、50～60 cm。具体取样点位置分布见图 5-1。

5. 2. 3. 1　土壤盐分的测定及计算

用土壤浸提液电导率法表征土壤含盐量。将土样磨碎、过 1 mm 筛后按 1 : 10 制成土水混合溶液,过滤后提取上清液,用电导率仪

(DDS-11A 数显)测定上清液电导率值;用干燥残渣法标定土壤电导率与含盐量之间的对应关系。供试土壤标定曲线如下:

沙土:

$$S = 0.000\,03 \times E_c + 0.008\,0 \quad (R^2 = 0.982\,4, n = 45) \tag{5-1}$$

壤土:

$$S = 0.000\,03 \times E_c + 0.014\,6 \quad (R^2 = 0.992\,4, n = 62) \tag{5-2}$$

式中 E_c——土壤浸提液电导率值,μS/cm;
S——土壤含盐量,g/kg;
n——样本数。

分析土壤相对于初始含盐量的变化率,其计算式为:

$$\eta = \frac{w_1 - w_0}{w_0} \times 100\% \tag{5-3}$$

式中 w_1——试验后土壤含盐量,g/kg;
w_0——土壤初始含盐量,g/kg;
η——相对于土壤初始含盐量的变化率,%。
正值表示土壤积盐,负值表示土壤脱盐。

5.2.3.2 土壤盐分离析速率

其计算式为:

$$\kappa = \frac{S_2 - S_1}{t_2 - t_1} \tag{5-4}$$

式中 S_2——某一时间段末(t_2)土壤盐分离析量,g/kg;
S_1——某一时间段初(t_1)土壤盐分离析量,g/kg;
κ——土壤盐分离析速率,g/(kg·h)。

5.3 结果与分析

5.3.1 不同质地土壤的盐分分布特征

图 5-2 是覆膜滴灌条件下沙土(S)和壤土(L)在膜内(滴头下方、距滴头水平距离 10 cm)及膜外(距滴头水平距离 25 cm、距滴头水平距

离40 cm)的盐分分布情况。由图5-2可知,膜下滴灌条件下,膜内土壤均呈上部脱盐、下部积盐现象;在膜内与膜外交界处则是土壤脱盐与土壤积盐并存;而膜外湿润锋处的土壤基本都呈积盐现象,且表土层(0~2 cm)积盐率最高,整个土壤剖面含盐量呈明显"Γ"形分布。相同处理下,灌水对沙土脱盐效果比对壤土脱盐效果好。

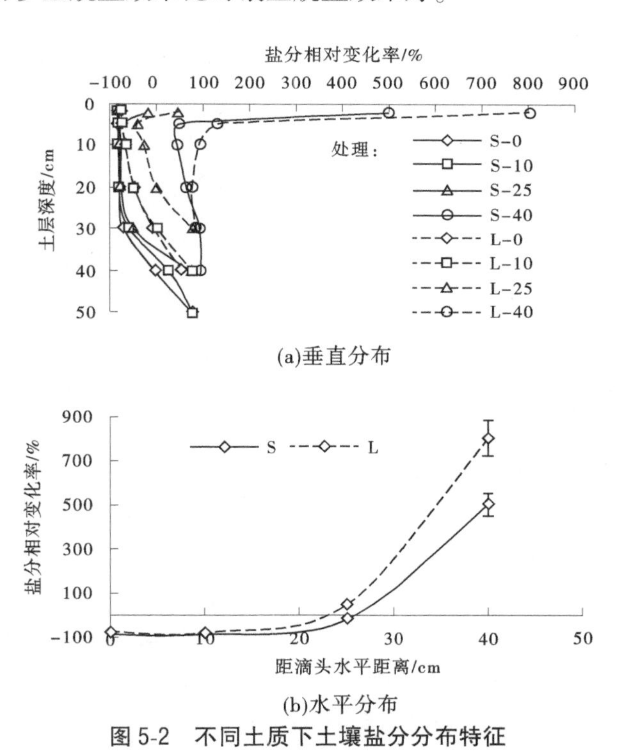

(a)垂直分布

(b)水平分布

图5-2　不同土质下土壤盐分分布特征

由多孔介质水量平衡原理可知,在土壤持水能力一定的条件下,水分由土水势高处向土水势低处运动,土壤湿润区体积由滴水点向周围逐渐扩大[19]。膜内上部土壤距离滴水点近,土水势高,水分推动盐分由膜内上部土壤向四周运动,形成了上部脱盐、下部积盐的状态。由于沙土的黏粒量低于壤土,提高了土壤毛管的纵向传导能力[20],所以,灌水对沙土的脱盐效果比壤土好,沙土形成的脱盐区范围也比壤土大。

如图 5-2(a)所示,沙土(S)膜内滴头下方土壤的积盐层出现在 40 cm 深度处,对应的上层土壤平均脱盐率为-81.43%。随着距滴头水平距离的增加,积盐层及相应的上层土壤平均脱盐率分别变浅及降低。距滴头 10 cm(膜内)处的土壤积盐层比滴头下方的浅 4 cm,平均脱盐率比滴头下方的值低 2.25%。距滴头 25 cm(膜外)处的土壤积盐层出现在 33.5 cm 深度处,上层土壤平均脱盐率为-57.62%。距滴头 40 cm 处的膜外土壤垂直剖面上的含盐量呈明显"Γ"形分布,盐分主要聚集在表层土壤中,其 0~2 cm 土层的平均含盐量是 2 cm 以下土层平均含盐量的 7.3 倍。

相同处理下,壤土(L)的盐分分布规律与沙土(S)的类似,但其脱盐深度及上层土壤平均脱盐率比沙土的值低。滴头下方壤土的积盐层比相同处理下沙土的值浅 9 cm,壤土上层平均脱盐率比沙土的同类指标低 13.37%;距滴头 10 cm(膜内)、25 cm(膜外)处的壤土积盐层分别比沙土的值浅 6 cm、13.5 cm,壤土上层平均脱盐率分别比沙土的同类指标低 10.94%、23.56%;而距滴头 40 cm 处的膜外,壤土在整个土层深度都表现为积盐状态,表层(0~2 cm)的平均含盐量是 2 cm 以下土层平均含盐量的 8.4 倍,是相同条件下沙土的 1.61 倍。

如图 5-2(b)所示,2 种土质的表层含盐量随距滴头水平距离呈指数函数分布。相同处理下,壤土(L)的膜内表层(0~2 cm)土壤平均脱盐率比沙土(S)的值低 6.01%;距滴头 25 cm 处的膜外壤土的盐分相对变化率比沙土的同类指标高 64.80%;距滴头 40 cm 处膜外壤土的积盐率比沙土的同类指标高 303.00%。这是由于壤土的黏粒量及小孔隙数高于沙土,盐分更容易滞留其中所致[21]。

5.3.2 蒸发强度对土壤盐分分布特征的影响

图 5-3 是不同蒸发强度处理下沙土和壤土的盐分分布情况。由图 5-3 可知,地膜的阻隔作用使蒸发主要对膜外土壤的盐分分布产生影响,导致膜外土壤积盐量随蒸发强度的增大而增大,而膜内土壤积盐量几乎不随蒸发强度的改变而变化。相同蒸发强度处理下,壤土的表层盐分聚集量比沙土的高。

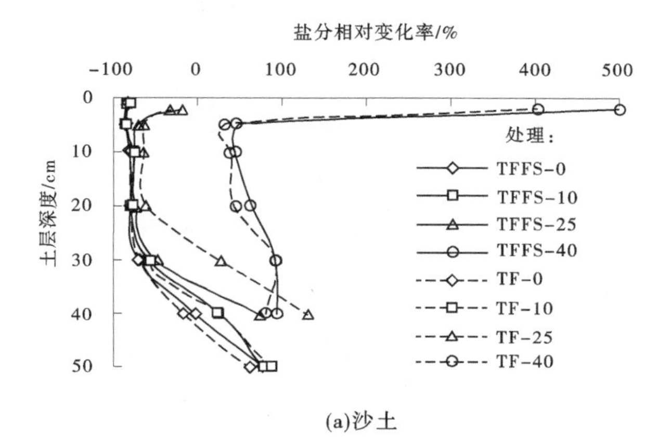

(a)沙土

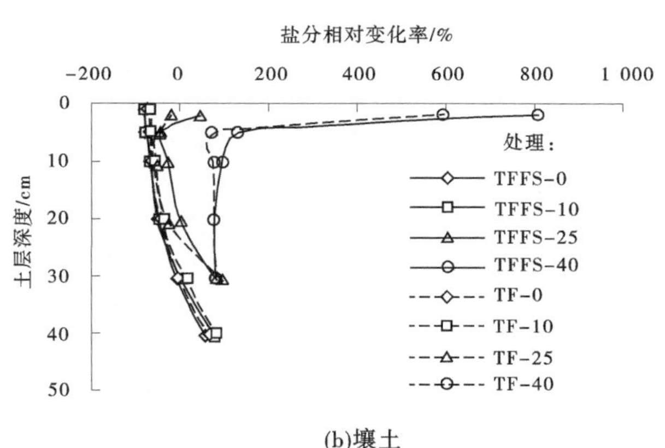

(b)壤土

图 5-3　不同蒸发强度处理下沙土和壤土盐分分布特征

覆膜阻隔蒸发的作用使膜内水汽微循环所产生的水汽聚集在膜下表面,凝结成小水滴后再次坠落到表土上,促进对膜内土壤的淋洗,因此,膜内(距滴头水平距离 0 和 10 cm)土壤的盐分分布基本不受蒸发强度的影响。在 TFFS 处理、TF 处理下,沙土的膜内脱盐深度基本都达 40 cm,平均脱盐率也相差不大,分别为-73.76%、-74.50%;而壤土的脱盐深度比沙土的值浅 10 cm,平均脱盐率也分别比沙土的同类指标低 12.15%、13.08%。

土壤剖面中含盐量是一定的,膜内土壤盐分在滴灌水分淋洗及膜内水汽微循环双重作用下,一方面聚集在土壤下层,另一方面随水分侧向移动。由于 TFFS 处理比 TF 处理的表土温度高,膜外表层土壤水分汽化强烈,蒸发量大。地表含水率的降低使土壤基质吸力增加,水分从土壤下层向上层运动,使盐分最终聚集在距滴头水平方向 40 cm 处的膜外表层(0~2 cm)土壤中。沙土表层含盐量在 TFFS 处理下为 TF 处理下的 1.23 倍;壤土的同类指标为 1.36 倍。

不同蒸发强度处理下,膜外 2 cm 以下的土层含盐量近似垂线分布,而表层(0~2 cm)土壤含盐量出现骤增,即膜外表层土壤聚集的盐分小部分来源于膜内土壤盐分随水分向膜外水平方向的推移过程,大部分是由于受膜外地表蒸发作用所致。TFFS 处理下,沙土的表层(0~2 cm)含盐量是 2 cm 以下土层平均含盐量的 7.3 倍,壤土的该指标则为 8.4 倍;TF 处理下,沙土的该指标为 7.2 倍,壤土的则为 7.9 倍。

5.3.3 表层含盐量与含水率之间的关系

图 5-4 是不同温度下沙土和壤土表层含盐量与含水率之间的关系。由图 5-4 可知,水分蒸发带动土壤盐分向表土迁移,水分蒸发强度越大,表层含盐量越高。表土盐分累积量与土壤含水率呈负相关;温度越高,表层含盐量与含水率之间形成的曲线斜率的值越小。

结果表明,20 ℃、25 ℃、30 ℃、35 ℃、40 ℃、45 ℃处理下,沙土对应的曲线斜率分别为-3.50、-3.69、-3.84、-4.02、-4.15、-4.24,说明温度的升高对土壤表层的盐分形成有促进作用。温度升高会降低液体的黏滞性,使土壤水分蒸发通量及导水率增大,土壤水对溶质的溶解能力也增大,溶液的浓度也会相应提高;当存在于土壤中的盐分超过土壤水的溶解度时,盐分就会以晶体的形式出现在土壤表层,形成表聚特征。相反,温度降低会减缓表土蒸发通量对盐分的挟带速率,在相同土壤含水率条件下,聚集于土壤表层的含盐量较少。

土壤质地决定了土壤基质吸力及毛管水上升作用,也会影响土粒对盐分的吸附能力,导致不同质地土壤的盐分表聚程度不同。如图 5-4 所示,虽然壤土的表层含盐量与含水率之间的线性变化规律

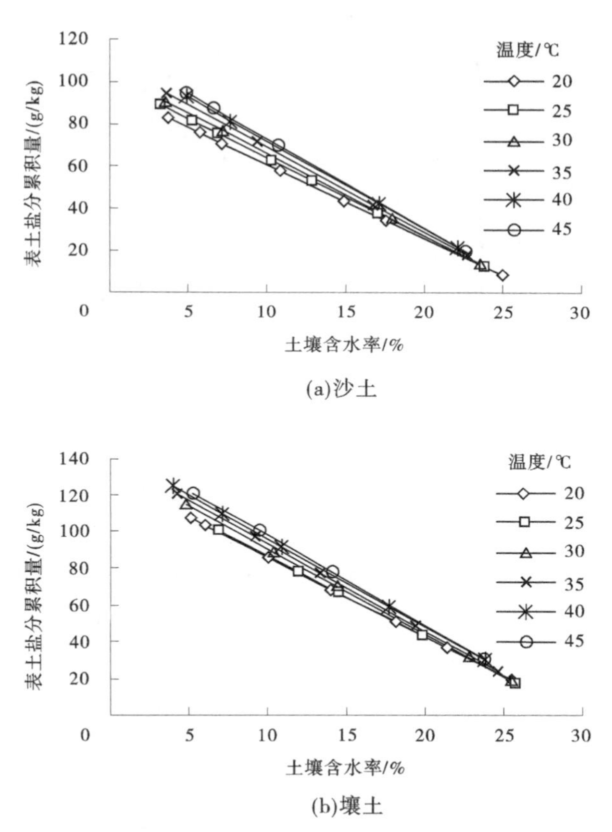

图 5-4　不同温度下沙土和壤土表层含盐量与含水率之间的关系

与沙土的类似,但在相同温度处理下,壤土形成的曲线斜率(绝对值)都比沙土的高。20 ℃、25 ℃、30 ℃、35 ℃、40 ℃、45 ℃处理下,壤土的曲线斜率(绝对值)分别比沙土的高 0.81、0.69、0.76、0.7、0.63、0.65;说明在相同蒸发强度处理下,壤土中的盐分更容易受水汽扩散影响而聚集在土壤表层。另外,以土壤表层含盐量为因变量,温度及土壤质量含水率为自变量,建立二元线性回归方程,结果如表 5-3 所示。

表 5-3 不同土质表聚含盐量与温度、含水率的二元回归方程

土质	回归方程	决定系数	置信区间	显著性
沙土	$S=91.162+0.453T-3.846M$	0.995	95%	<0.01
壤土	$S=124.924+0.414T-4.590M$	0.998	95%	<0.01

注：S 为土壤含盐量（g/kg）；T 为温度（℃）；M 为土壤质量含水率（%）。

2 种土质的土壤表层含盐量与温度正相关，与土壤含水率负相关；含水率 M 的增益系数绝对值要比温度 T 的增益系数绝对值高，说明土壤含水率对土壤表层含盐量的影响要大于温度对土壤表层含盐量的影响。

5.3.4 不同土质土-气界面盐分离析速率

土壤盐分的表聚过程实际上是盐溶液由液态变为固态的过程，即盐分离析。图 5-5 是沙土和壤土在不同温度处理下盐分离析速率与含水率之间的关系。由图 5-5 可知，土壤表层盐分离析速率与含水率之间的关系存在峰值，而且峰值随着环境温度的升高而增大；含水率较低时，盐分离析速率最低。

土壤盐分平均表聚速率随温度的升高逐渐加快。20 ℃、25 ℃、30 ℃、35 ℃、40 ℃、45 ℃下，沙土的盐分平均表聚速率分别是 1.74 g/(kg·h)、2.02 g/(kg·h)、6.01 g/(kg·h)、7.13 g/(kg·h)、7.17 g/(kg·h)、8.67 g/(kg·h)。壤土的盐分平均表聚速率分别是 2.35 g/(kg·h)、3.24 g/(kg·h)、4.55 g/(kg·h)、6.78 g/(kg·h)、7.18 g/(kg·h)、10.19 g/(kg·h)。

2 种土质在高温处理时，土壤在低含水率条件下都表现出明显的低表聚速率特征。对于沙土而言，30 ℃、35 ℃、40 ℃、45 ℃处理下，土壤质量含水率低于 5%左右时所对应的平均盐分表聚速率分别是 2.77 g/(kg·h)、1.59 g/(kg·h)、2.43 g/(kg·h)、2.89 g/(kg·h)；质量含水率高于 5%左右时所对应的平均盐分表聚速率分别是 8.18 g/(kg·h)、10.82 g/(kg·h)、10.34 g/(kg·h)、12.51 g/(kg·h)；出现盐分表聚速率峰值时所对应的土壤质量含水率分别为 18.02%、16.73%、

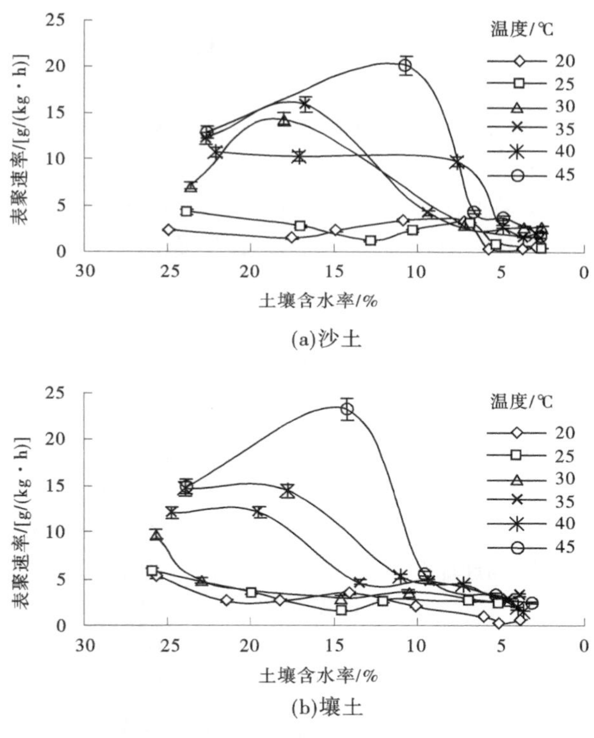

图 5-5 土-气界面盐分离析速率

17.11%、10.73%。对于壤土而言,35 ℃、40 ℃、45 ℃处理下,土壤质量含水率在低于 10%左右时所对应的平均盐分表聚速率分别是 3.75 g/(kg·h)、2.67 g/(kg·h)、3.91 g/(kg·h);土壤质量含水率在高于 10%左右时所对应的平均盐分表聚速率分别是 9.81 g/(kg·h)、11.70 g/(kg·h)、14.85 g/(kg·h);出现盐分表聚速率峰值时所对应的土壤质量含水率分别为 19.51%、17.76%、14.18%。

另外,试验表明,在温度较低时,盐分离析速率受土质及土壤含水率的影响不大;但温度较高时,盐分离析速率突变。沙土在 30 ℃时盐分聚集加速,说明水分易汽化散失;壤土在高于 35 ℃时盐分聚集才加速,说明壤土中的水分受颗粒和毛管的吸附作用而不易汽化散失。

5.4 讨　论

水汽扩散导致水分子逐渐脱离土体而蒸发散失，一方面使土体表面基质吸力增大，促进土壤中的液态水分带动盐分向蒸发面(土-气界面)迁移，另一方面使到达土-气界面的盐溶液失去水分而逐渐形成固态结晶盐。土壤盐分迁移速度的快慢受土壤质地、溶液浓度及温度等综合因素的控制[22-23]，从而对土壤表聚含盐量产生影响。

研究结果显示，相同蒸发强度处理下，壤土的表层含盐量明显高于沙土(见图5-3)。由Penmann公式可知[24]，潜在蒸发强度与温度成正相关，与风速也成正相关，而且二者所产生的蒸发强度近似呈叠加状态。本试验中通风辐射处理的蒸发强度大于通风处理的蒸发强度。蒸发作用迫使土壤毛管水上升，并挟带盐分上升，使盐分最终聚集在土壤表层。当蒸发强度增大时，水分蒸发速度加快，毛管水携带到地表的盐分也增多[25]，因此随着地表蒸发强度的增大，膜外地表的积盐量增大。在蒸发强度一定的情况下，土壤毛管孔径越小，其毛管水上升的高度越大，挟带到地表的盐分也越多。壤土的毛管孔径小于沙土的值，且壤土的毛管数量大于沙土的值[26]，因此壤土的表层盐分含量比沙土高。另外，相同处理下，沙土湿润锋前缘出现明显的盐分聚集带，而壤土的盐分分布区较为均匀(见图5-6)。这是由于沙土的颗粒表面吸附力小[25]，在蒸发作用下水分汽化快，当水分散失到剩余的分子数很小的时候，沙土表面就会出现较为强烈的盐分聚集。而壤土颗粒的表面吸附力大，在蒸发作用下水分汽化慢，所以，壤土的盐分表聚分布可能较为均匀。各温度(20 ℃、25 ℃、30 ℃、35 ℃、40 ℃、45 ℃)处理下，测得沙土中的水分汽化速率分别为1.19 mm/h、1.68 mm/h、2.67 mm/h、3.38 mm/h、5.08 mm/h、5.56 mm/h，壤土中的水分汽化速率分别比沙土低5.46%、13.59%、14.89%、13.44%、42.86%、15.45%。

表5-3显示，土壤表层含盐量与温度正相关，与土壤含水率负相关，且土壤含水率对表层含盐量的影响大于温度对表层含盐量的影响。这是由于在土壤含盐量一定的情况下，含水率决定了溶液浓度[14]，而

图 5-6　不同土质表土固态结晶盐形成示意图

蒸发强度决定了水汽扩散速率[27]。当水汽扩散速率所导致的最大蒸发力(水分汽化速率)小于土壤水分对盐分的溶解度时,盐分仍然以溶解态存在于土壤溶液中;只有当相应的最大蒸发力大于溶解度时,才能够促使盐分在水汽散失作用下从盐溶液中离析出来。

盐分离析速率出现的峰值现象表明土壤水分有最小溶解度。当含水率较高时,土壤盐分易被溶解,也容易随着水分上升到表层;但是表土的盐溶液浓度增大将导致溶质向下部浓度低处扩散,影响了盐分离析速率。当土壤含水率低时,表土溶解能力降低;如果此时土壤水分对盐分的溶解能力仍大于该温度下的蒸发力(水分汽化速率),水分仍然可以挟带盐分运移[28-30];上升到表层的盐分很快离析,难以再向下部做分子扩散运动,使离析速率提高。土壤含水率持续降低时,整个土层的溶解能力下降,盐分难以随水分上升到表层,表土盐分离析速率降低。

另外,盐分表聚过程除对生产有负面作用外,在治理盐碱地的技术研发方面有一定的启发作用,特别是在新疆干旱的盆地地区,水利改良盐碱地存在难找排水出路的问题[31],因此区域“干排盐”或“干排水”技术受到重视[32]。“干排盐”技术就是在有限区域内的低洼地点利用土壤水蒸发作用将盐分表聚在地表,然后将其清除,其相应的技术指标需要依据盐分表聚理论和影响因素来设计[33-34]。因此,对该问题进行深入研究很有必要。

本章研究表明，在盐分表聚的过程中，土壤水分起着溶解、挟带、脱离盐分的作用；而环境温度及蒸发强度起着使水分由液态变为气态的作用，同时温度也可使土壤水分对盐分的溶解度有所提高，增加其挟带盐分的能力。在土壤含盐量一定的情况下，土壤含水率的增加可提高其对盐分的溶解度；而在土壤含水率一定的情况下，如果土壤含盐量不超过溶液的最大溶解度，盐分可随水分迁移（淋洗）。在覆膜滴灌条件下，膜内土壤中的水分无法蒸散，且浅层土壤中水分的温度较高；相对于膜间土壤，膜内土壤水分可以溶解的盐分也较多，从而间接提高了灌溉水对土壤盐分的淋洗效率。

5.5 结论

（1）覆膜滴灌条件下，2 种土质的表层含盐量随距滴头水平距离呈指数函数分布；膜外土壤垂直剖面上的含盐量呈“Γ”形分布，盐分主要聚集在表层土壤中。其中，高蒸发强度处理下，沙土表层（0~2 cm）的平均含盐量是 2 cm 以下土层平均含盐量的 7.3 倍，壤土表层（0~2 cm）的平均含盐量是 2 cm 以下土层平均含盐量的 8.4 倍；低蒸发强度处理下，沙土和壤土的对应数值分别是 7.2 倍和 7.9 倍。

（2）影响土壤盐分表聚的主要因素是土壤水分的蒸发速率；土壤含水率、环境温度和蒸发强度的提高都可以增大土壤水分蒸发速率，导致土壤表面盐分聚集量增加，其中，土壤含水率所起的作用最大。

（3）土壤蒸发过程中盐分表聚速率存在峰值，而且峰值与环境温度呈正相关。蒸发作用下，壤土的盐分表聚速率比沙土的盐分表聚速率高。

参考文献

[1] 田长彦，周宏飞，刘国庆. 21 世纪新疆土壤盐渍化调控与农业持续发展研究建议[J]. 干旱区地理，2000(2)：177-181.

[2] 王海江，石建初，张花玲，等. 不同改良措施下新疆重度盐碱土壤盐分变化与脱盐效果[J]. 农业工程学报，2014，30(22)：102-111.

[3] Imtiyaz M, Mgadla N P, Chepete B, et al. Response of six vegetable crops to irrigation schedules[J]. Agricultural Water Management, 2000, 45(3): 331-342.
[4] 张勇康，刘淑慧，卢垟杰，等. 滴灌施肥对盐碱地土壤盐分运移及草木樨生长的影响[J]. 灌溉排水学报，2019，38(3): 43-49.
[5] 王全九，王文焰，吕殿青，等. 膜下滴灌盐碱地水盐运移特征研究[J]. 农业工程学报，2000，16(4): 54-57.
[6] 张伟，李鲁华，张建国，等. 准葛尔盆地南缘不同土壤质地棉田膜下滴灌盐分运移规律研究[J]. 水土保持学报，2009，23(2): 52-56.
[7] 周和平，王少丽，姚新华，等. 膜下滴灌土壤水盐定向迁移分布特征及排盐效应研究[J]. 水利学报，2013，44(11): 1380-1388.
[8] 杨劲松. 中国盐渍土研究的发展历程与展望[J]. 土壤学报，2008，45(5): 837-845.
[9] 窦旭，史海滨，苗庆丰，等. 盐渍化灌区土壤水盐时空变异特征分析及地下水埋深对盐分的影响[J]. 水土保持学报，2019，33(3): 246-253.
[10] Yakirevich A, Berliner P, Sorek S. A model for numerical simulating of evaporation from bare saline soil[J]. Water Resource Research, 1997, 33(5): 1021-1033.
[11] Grunberger O, Macaigne P, Michelot J L, et al. Salt crust development in paddy owing to soil evaporation and drainage: Contribution of chloride and deuterium profile analysis[J]. Journal of Hydrology, 2008, 348(1): 110-123.
[12] 李小刚，崔志军，王玲英，等. 盐化和有机质对土壤结构稳定性及阿特伯格极限的影响[J]. 土壤学报，2002，39(4): 550-559.
[13] Fujimaki H, Shimano T, Inoue M, et al. Effect of a salt crust on evaporation from a bare saline soil[J]. Vadose Zone Journal, 2006(5): 1246-1256.
[14] 彭振阳，郭会，伍靖伟，等. 溶质势对地表蒸发速率的影响[J]. 水科学进展，2013，24(2): 235-242.
[15] 赵莉，罗建新，黄海龙，等. 保护地土壤次生盐渍化的成因及防治措施[J]. 作物研究，2007，21(5): 547-554.
[16] 刘东伟，吉力力·阿不都外力，雷加强，等. 盐尘暴及其生态效应[J]. 中国沙漠，2011，31(1): 168-173.
[17] 胡明芳，田长彦，赵振勇，等. 新疆盐碱地成因及改良措施研究进展[J]. 西北农林科技大学学报，2012，40(10): 111-117.
[18] 邵明安，王全九，黄明斌. 土壤物理学[M]. 北京：高等教育出版社，2006.

[19] Warrick A W. Soil Water Dynamics[M]. New York: Oxford University Press Inc., 2003.

[20] Hillel D. Introduction to environmental soil physics[M]. Amsterdam: Elsevier Science (USA), Academic Press, 2004.

[21] 殷波，柳延涛. 膜下长期滴灌土壤盐分的空间分布特征与累积效应[J]. 干旱地区农业研究，2009，27(6)：228-231.

[22] Gao Z, Fan X, Bian L. An analytical solution to one-dimensional thermal conduction-convection in soil[J]. Soil Science, 2003, 168(2): 99-107.

[23] Marino M A. Distribution of contaminant in porous media flow[J]. Water Resource Research, 1974, 10(5): 1013-1018.

[24] 刘钰，Pereira L S，Teixeire J L，等. 参照蒸发量的新定义及计算方法对比[J]. 水利学报，1997(6)：27-33.

[25] 李毅，王文焰，王全九，等. 温度势梯度下土壤水平一维水盐运动特征的实验研究[J]. 农业工程学报，2002，18(6)：4-8.

[26] 解文艳，樊贵盛. 土壤质地对土壤入渗能力的影响[J]. 太原理工大学学报，2004，35(5)：537-540.

[27] 钱峰，程冬兵，刘静君. 土壤蒸发强度随土壤溶液盐分的变化研究[J]. 长江科学院院报，2015，32(3)：50-53.

[28] 杨金忠. 饱和-非饱和土壤水盐运动的理论与实验研究[D]. 武汉：武汉水利电力学院，1986.

[29] 解建仓，韩霁昌，王涛，等. 蓄水和蒸发条件下土壤过渡层中水盐运移规律研究[J]. 水利学报，2010，41(2)：239-244.

[30] Sutera S P, Skalak R. The history of poiseuille′s law[J]. Annual Review of Fluid Mechanics, 1993, 25(1): 1-19.

[31] 范未华，轩俊伟，李保国，等. 长期滴灌棉田表层土壤盐分时空变化特征[J]. 灌溉排水学报，2020，39(11)：83-89.

[32] 窦旭，史海滨，李瑞平，等. 暗管排水控盐对盐渍化灌区土壤盐分淋洗有效性评价[J]. 灌溉排水学报，2020，39(8)：102-110.

[33] Konukcu F, Gowing J W, Rose D A. Dry drainage: A sustainable solution to waterlogging and salinity problems in irrigation areas? [J]. Agriculture Water Management, 2006(83): 1-12.

[34] 王荧，郭航，李娟，等. “改排为蓄”和“覆沙改良”整治前后盐碱地微观结构研究[J]. 灌溉排水学报，2019，38(S1)：75-78.

第6章 水平翻耕措施对覆膜滴灌土壤水盐分布调控效果研究

6.1 引　言

覆膜滴灌技术的应用使膜下土壤中的盐分被定向排至湿润锋周围及膜间裸地,形成盐分表聚现象,可能会造成土壤次生盐碱化[1-2]。然而生产实践表明,盐碱地采用膜下滴灌技术后,耕作层土壤盐碱含量逐年下降、作物产量逐步上升[3-4]。靳姗姗[5]对不同质地(沙土、壤土、黏土)的农田土壤盐分分布情况进行了调查,发现当年开垦的不同质地农田经过 1 年的膜下滴灌后,其 0~30 cm 土层含盐量明显下降,后期年内和年间的土壤盐分分布基本处于动态平衡状态。文献[6-10]通过研究不同开垦年限土壤的盐分演变规律也得到相似结论,认为在膜下滴灌条件下,荒地开垦初期土壤剖面盐分含量明显降低,随着开垦年限的增加,土壤中累积的盐分含量逐渐减少,并最终趋于稳定状态。然而对于产生这一现象的原因研究得不太深入,普遍的观点认为是灌溉的淋洗作用造成了土壤盐分含量的降低。李朝阳等[11]研究发现,由于各滴灌年限内滴灌带铺设位置的差异,膜内脱盐区和膜外积盐区在下一年发生位置互换,促使农田上层土壤盐分含量有下降趋势。

翻耕技术作为处理农田土壤的一种普遍机械手段,不仅可以增加土壤的蓄水保墒能力、提高土壤的呼吸速率,还能够有效改善土壤的耕层结构。文献[12-18]对翻耕措施影响农田土壤问题进行了相关研究,认为翻耕不仅可以更好地提高土壤水分利用效率、增加耕层土壤孔隙度、消除土壤斥水性，还有利于增大土壤中非吸附性溶质的淋失，为作物根系生长创造有利环境。李文凤等[19]利用染色剂法对免耕及翻耕处理的土壤进行研究，发现翻耕使土壤结构发生改变，土壤渗透率及渗透深度都明显小于免耕处理；翟振等[20]研究了翻耕措施对土壤物理性质的影响，发现翻耕能够有效降低耕层土壤容重和穿透阻力，明显增加降水或灌溉后的水分入渗量；崔建平等[21]对土壤进行了不同翻耕深度（20 cm、40 cm、60 cm）的处理，发现翻耕深度的增加有利于降低0~20 cm耕层土壤的盐分含量。

虽然众多学者对不同耕种年限的膜下滴灌土壤水盐分布以及翻耕对土壤物理性状的影响进行了大量研究[22-26]，但对于土壤盐分含量随着耕种年限的延长而呈降低趋势的现象普遍认为是灌溉作用导致的结果，很少有学者关注翻耕作用对覆膜滴灌土壤盐分分布的影响。水利改良是治理土壤盐碱化过程中必不可少的先决条件，翻耕也是新疆农业生产过程中普遍应用的技术措施，本章通过室内土槽试验与田间试验相结合的方法研究滴灌技术与翻耕措施结合对土壤盐分所产生的调控效果以及途径，观测和分析覆膜滴灌土壤中水盐在不同翻耕措施下的变化机制，为解决膜下滴灌条件下裸地土壤盐分表聚问题提供思路，同时也可为滴灌条件下翻耕措施的合理使用提供参考。

6.2 材料与方法

6.2.1 室内试验

6.2.1.1 试验材料

试验于2016年6月至2017年5月在石河子大学水利建筑工程学院水利与土木工程实验中心（86°03′31″E，44°18′21″N，海拔451 m）进行。试验所用玻璃土槽长×宽×高为100 cm × 20 cm × 80 cm。土槽底部铺置20 cm厚砾石垫层模拟透水界面，垫层上覆多孔PVC隔板（孔距50 mm×50 mm），板厚10 mm。具体土槽结构与取样点分布如图6-1所示。

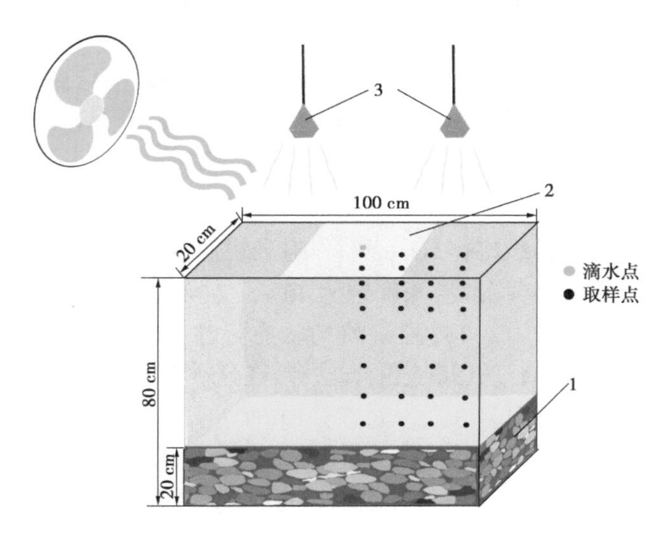

1—砾石层;2— 地膜;3—红外线辐射灯。

图 6-1　土槽结构与取样点分布图

供试土壤取自石河子大学实验农场。比重计法分析土壤物理黏粒(粒径小于 0.01 mm)质量分数为 26.91%,根据卡庆斯基土壤质地分类法,可定为中壤土。土壤干容重为 1.45 g/cm^3、田间持水率(质量含水率)为 26.46%、风干含水率(质量含水率)为 1.92%。无水硫酸钠溶解后用淋喷的方法对试验用土进行配盐,配盐后的土壤含盐量为 33.50 g/kg,根据土壤盐分分级标准[27],可定为轻盐化土壤。滴灌水矿化度为 0.35 g/L。

6.2.1.2　试验方法

试验所用土壤经碾压、粉碎及风干处理后,过 2 mm 筛去除杂质,拌均匀后按设计容重(体积质量 1.45 g/cm^3)分层装填土槽。每次装填时,将土压实至 5 cm 厚度,最终填土至 60 cm 高度。在土体表面的中间位置覆盖 30 cm×20 cm(长×宽)规格的地膜(见图 6-1)。距表土 55 cm 处悬挂 275 W 红外线辐射灯,以增加表土蒸发强度,辐射灯于 10:00~21:00 为打开状态。自制微型土壤蒸发器测表土蒸发量。医用吊瓶和针头模拟滴灌供水系统进行单点源入渗试验。试验过程中,滴头流量控制为1.8 L/h,每次灌水量均控制为55 mm。

设置水平翻耕处理(T)与免耕处理(NT)进行对照试验,观测土壤随翻耕次数或免耕灌水次数的增加其盐分含量的变化情况。根据土壤宜耕性原则,当0~20 cm土层的土壤含水率达到田间持水率的40%~60%时[28],采用膜外与膜内土壤互换的方式进行翻耕,依据西北地区气候条件及农田初级耕作与次级耕作对翻耕深度的要求[28],并结合本试验所用土壤质地,将翻耕深度定为15 cm左右。试验共进行3次翻耕,分别标注为T1、T2、T3;翻耕前的状态标注为T0。每次翻耕间隔7~11 d不等,翻耕后采用顺耙的方法[29]将翻耕土壤耙平,再次覆膜进行灌水。翻耕处理重复3次。对照处理(NT)只灌水不翻耕,与翻耕处理(T)同时段进行,共灌水4次,分别标注为NT1、NT2、NT3、NT4;对照处理重复2次。由于试验是在室内进行,试验过程中测得各处理土壤的日平均蒸发强度比较稳定(见表6-1)。

表6-1 不同处理下土壤的日平均蒸发强度 单位:mm/d

参数	翻耕处理				免耕处理			
	T0	T1	T2	T3	NT1	NT2	NT3	NT4
日平均蒸发量	2.79	3.45	3.48	3.15	2.86	3.42	3.13	3.08

6.2.1.3 测定指标与方法

灌水结束96 h后,用直径1 cm的土钻分别在与滴头水平距离0(膜内)、10 cm(膜内)、25 cm(膜外)及40 cm(膜外)处取样,取样深度分别为0~2 cm、2~5 cm、5~10 cm、10~20 cm、20~30 cm、30~40 cm、40~50 cm、50~60 cm,具体取样点位置分布见图6-1。

所取土样用于测定不同翻耕措施处理下土壤的含水率及盐分含量。干燥法测定土壤含水率,土壤浸提液电导率(DDS- 11A型数显电导率仪)法测定土壤含盐量,干燥残渣法标定土壤电导率与土壤含盐量之间的关系,标定结果为:

$$C_1 = 0.00003E_c + 0.0146 \quad (R^2 = 0.9924, n = 62) \qquad (6\text{-}1)$$

式中　C_1——土槽试验土壤盐分含量,g/kg;

E_c——土壤浸提液电导率值,μS/cm;

n——样本数。

分析不同耕作措施处理下土壤的盐分含量相对于土壤初始含盐量(土壤本底值)的变化率,评估土壤的积盐或脱盐程度,计算方法为:

$$\eta = \frac{w_1 - w_0}{w_0} \times 100\% \qquad (6\text{-}2)$$

式中　w_1——试验后土样含盐量,g/kg;

w_0——初始土壤含盐量,g/kg;

η——盐分相对变化率,%,值为“+”表示土壤积盐,值为“-”则表示土壤脱盐。

6.2.2　田间试验

6.2.2.1　试验地概况

田间试验于2019年3~9月在新疆维吾尔自治区库尔勒市普惠农场(85°52′E,41°25′N,海拔880 m)进行。该区常年干旱少雨、蒸发强烈,自动气象站测定试验期间大气温度及降水情况(总降水量69 mm),结果如图6-2所示。

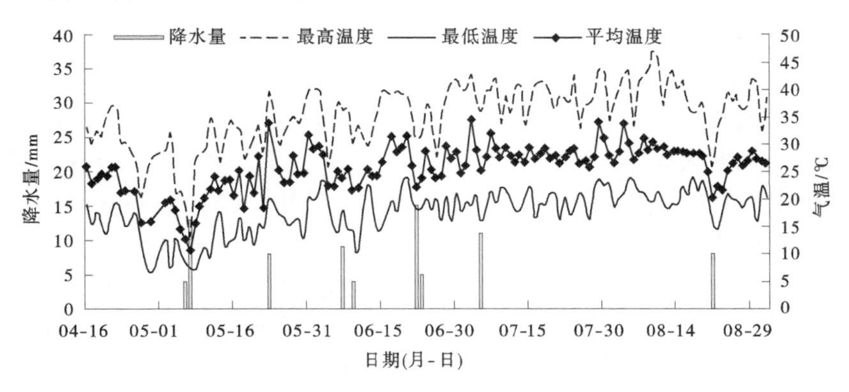

图6-2　试验期间大气温度及降水量分布

试验地土壤为沙质壤土，田间持水率(质量含水率)为28.67%，孔隙率为45.75%。根据当地棉花种植模式，苗期不进行灌水，为保证棉花苗期的正常生长并减少盐分对幼苗的胁迫，2018年12月对棉田进行冬灌，冬灌水量为300 mm，灌溉水矿化度为1.21~1.94 g/L。春耕后用100 cm^3 环刀测定0~40 cm土层土壤容重，结果如表6-2所示。生育期内的滴灌用水取自井水(矿化度为1.54 g/L)。试验小区0~100 cm土层盐分含量为2.96 ~ 8.66 g/kg。试验期间测得该区地下水平均埋深为2.45 m，矿化度为3.80 ~ 7.40 g/L。

表6-2　不同翻耕方式处理下田间各土层土壤容重　单位：g/cm^3

土层深度/cm	翻耕处理			免耕处理		
	最大值	最小值	平均值	最大值	最小值	平均值
0~20	1.23	1.15	1.19	1.51	1.47	1.49
20~40	1.52	1.4	1.46	1.55	1.47	1.51

6.2.2.2　试验方法

田间试验同样设置水平翻耕(T^*)与免耕(NT^*)两种耕作方式处理。其中，T^*处理的试验区面积为240 m^2；4月15日采用水平翻耕方式进行春耕作业，翻耕深度为滴灌棉田采取的常规翻耕深度20 cm；棉花生育期内共进行3次膜外(间)中耕(5月11日、5月30日、6月25日)，中耕犁刀的深度可达25 cm。NT^*处理的棉田不春耕，直接播种；棉花生长期间也不进行中耕，试验区面积为480 m^2。

试验地种植作物为棉花，2019年4月16日播种，品种为“新陆中”系列。根据当地棉花种植及灌溉模式，采用“一膜一管四行”的方式对棉花进行种植和灌溉，覆膜宽度为115 cm，膜外(间)、膜内宽行、膜内窄行的间距分别为30 cm、55 cm、25 cm，株距10 cm。采用内径16 mm、滴头间距30 cm的单翼迷宫式滴灌带进行滴灌作业，滴灌带铺设于膜下宽行中间位置，滴头设计流量为2.2 L/h，具体种植模式见图6-3。试验期间对各处理均灌水8次，首次灌水定额均设置为55 mm，后期灌水定额均设置为60 mm，生育期内的总灌水量均为475 mm。

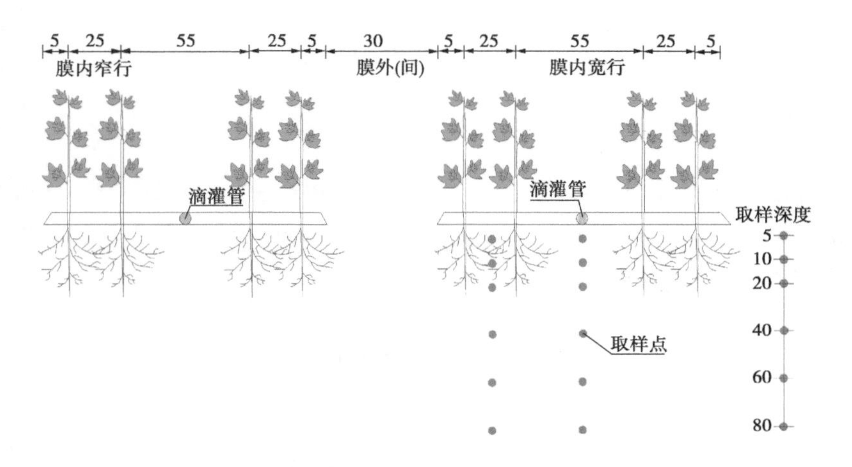

图6-3　田间试验棉花、滴灌管、地膜配置模式示意图及取样点分布图　(单位:cm)

6.2.2.3　**测定指标与方法**

田间试验在土壤翻耕(包括春耕及中耕)前后及每次灌水前1天及灌水后第2天用钻头直径5 cm的螺旋土钻分别在膜内宽行、膜内窄行及膜外(间)裸地位置取土样,取样深度分别为0~5 cm、5~10 cm、10~20 cm、20~40 cm、40~60 cm、60~80 cm。具体取样点位置分布见图6-3。每个处理均选取固定点设置3组重复。干燥残渣法标定土壤电导率与土壤含盐量之间的关系。

$$C_2 = 0.000\,05E_c - 0.019\,4 \quad (R^2 = 0.981\,2, n = 60) \tag{6-3}$$

式中　C_2——田间试验土壤的盐分含量,g/kg。

分别在5月下旬定苗后及8月下旬灌水结束后,计算不同翻耕措施处理下棉花的出苗率及有效株占比率,计算公式为:

$$\eta = n/N \tag{6-4}$$

$$\xi = \omega/\gamma \tag{6-5}$$

式中　η——出苗率,%;

n——单位面积出苗数,株/m²;

N——单位面积播种数,株/m²;

ξ——有效株占比率,%;

ω——单位面积有效株数,株/m^2;

γ——种植密度,株/m^2。

6.2.3 数据分析

试验数据采用Excel 2003记录与整理,SPSS 20.0软件进行不同翻耕措施处理下土壤水盐分布的差异性分析,Excel 2003及PS CC软件进行相应图表的绘制。

6.3 结果与分析

6.3.1 翻耕措施对土壤水分分布特征的影响

室内物理试验结果显示,不同翻耕措施处理下的膜内土壤始终保持较高的含水率,其中,T处理的膜内上层土壤含水率高于对照处理,而膜内下层土壤含水率小于对照处理。各处理膜外土壤的含水率均比膜内土壤的含水率低(见图6-4)。

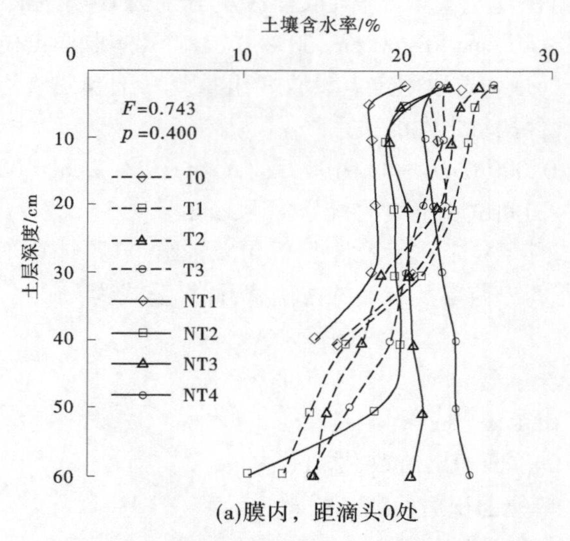

(a)膜内，距滴头0处

图6-4 免耕与翻耕处理下的土壤水分分布

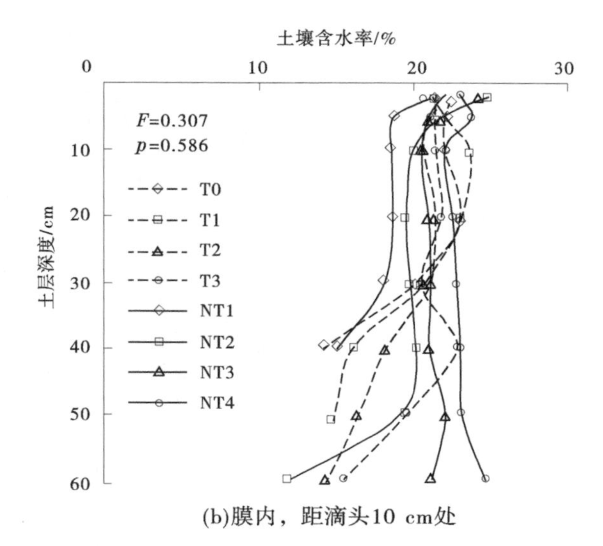

(b)膜内，距滴头10 cm处

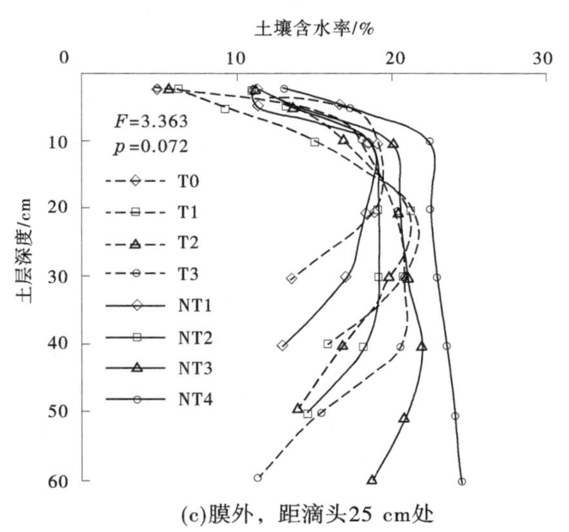

(c)膜外，距滴头25 cm处

续图 6-4

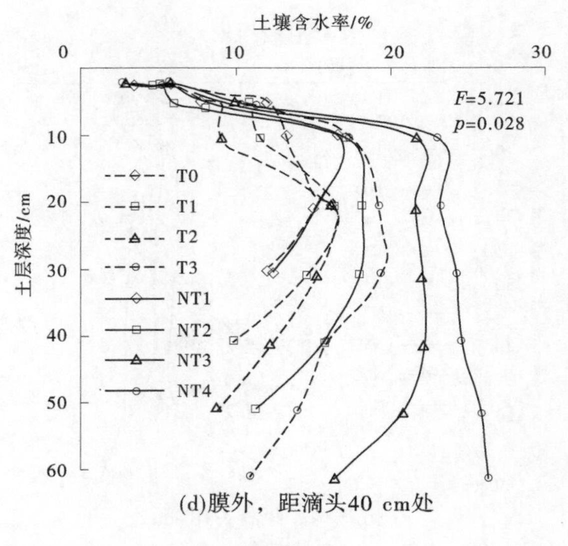

(d)膜外，距滴头40 cm处

续图 6-4

深度方向,不同耕作措施处理下膜内土壤平均含水率分布差异性不显著(滴头下方 $p=0.400$,距滴头 10 cm 处 $p=0.586$),但局部土层含水率分布规律略有不同。对于 0~20 cm 土层,T 处理的膜内耕层土壤平均含水率比 NT 处理的耕层土壤平均含水率高 3.66 个百分点。另外,T 处理滴水点处 0~20 cm 土层的平均含水率比距滴头 10 cm 处相同深度的土壤平均含水率高 1.87 个百分点;而 NT 处理由于薄膜边缘对土壤水分运动产生阻挡,导致滴水点处 0~20 cm 土层的平均含水率却比距滴头 10 cm 处土壤的平均含水率低 0.74 个百分点。

各处理膜内 20 cm 以下土层深度的含水率分布特点与 20 cm 以上土层的含水率分布特点相反。滴头下方及距滴头 10 cm 处,不同耕作措施处理下的土壤平均含水率分布有显著差异(滴头下方 $p=0.052$,距滴头 10 cm 处 $p=0.054$)[见图 6-4(a)、图 6-4(b)],这与翻耕深度相一致,T 处理膜内下层土壤平均含水率比 NT 处理的土壤平均含水率低 4.13 个百分点。这进一步表明,T 处理可提高膜内局部土层(耕层)的蓄水能力,降低其向膜外土壤的水平扩散及向深层土壤的垂直入渗速度。

距滴头 25 cm 处的膜外土壤,T 处理下的土壤平均含水率与 NT 处理相比差异性不很显著($p=0.072$),但距滴头 40 cm 处,两者之间的土壤含水率分布有显著差异($p=0.028$),且 T 处理的膜外土壤含水率始终小于 NT 处理[见图 6-4(c)、图 6-4(d)]。其中,距滴头 25 cm 处,T 处理(T0 ~ T3)的平均含水率分别比相同时段内 NT 处理(NT1 ~ NT4)小 0.26、1.54、3.07、5.54 个百分点;在距滴头 40 cm 处,前者的含水率也分别比后者小 0.44、1.60、6.62、6.44 个百分点。这说明 T 处理不仅对深层土壤水分的水平运移有抑制作用,同时也可减少耕层内水分的水平运移通量。

6.3.2 翻耕措施对土壤盐分分布特征的影响

6.3.2.1 室内物理试验土壤盐分分布特征

不同耕作措施处理下,膜内土壤呈上层脱盐、下层积盐状态,T 处理的膜内下层积盐率大于 NT 处理。对于膜外土壤,T 处理逐渐呈现上层脱盐、下层积盐状态,而 NT 处理的土壤始终处在积盐状态且盐分含量在深度方向上呈“Γ”形分布(见图 6-5)。

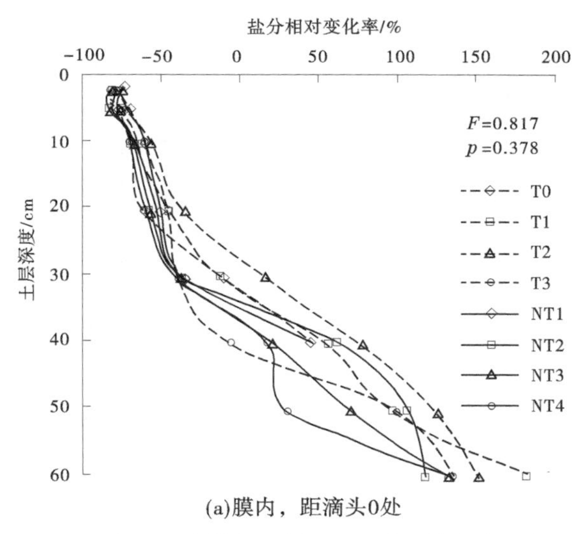

(a)膜内，距滴头0处

图 6-5 免耕与翻耕处理下的土壤盐分分布

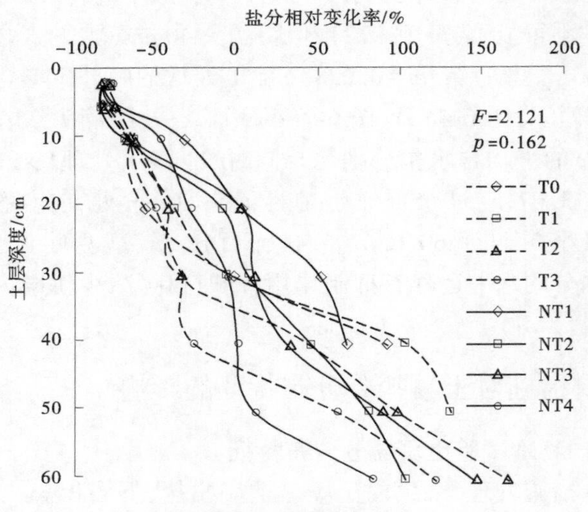

(b)膜内，距滴头10 cm处

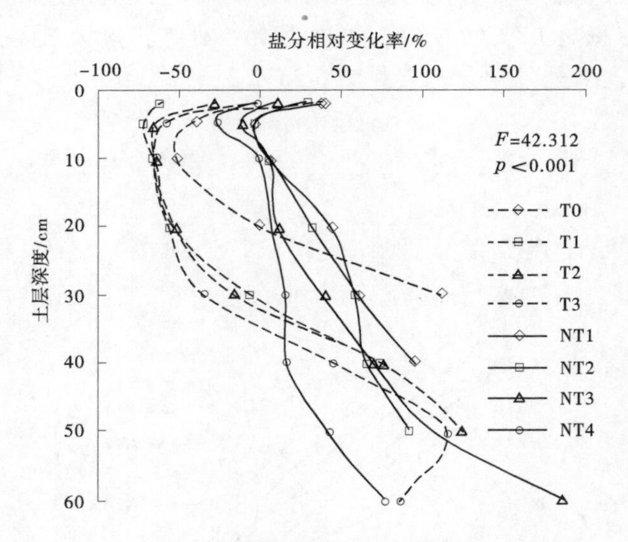

(c)膜外，距滴头25 cm处

续图 6-5

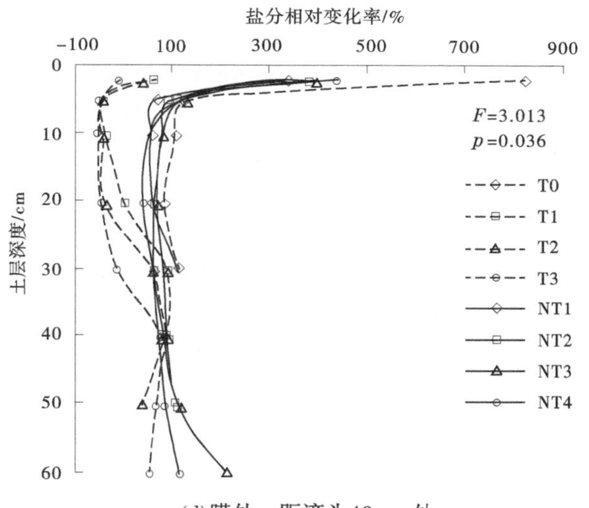

(d)膜外，距滴头40 cm处

续图 6-5

不同耕作措施处理下,膜内土壤盐分分布差异性不显著($p>0.1$)[见图6-5(a)、图6-5(b)],但局部土层的盐分分布规律略有不同。NT与T处理下,膜内滴水点处的土壤脱盐深度基本都在35 cm以内;35 cm以下土层呈积盐状态。其中,NT处理的下层土壤积盐率随灌水次数的增加分别为44.79%、285.36%、220.25%、180.98%;T处理的积盐率明显比NT处理的积盐率高,随灌水次数的增加分别为45.72%、331.84%、363.41%、235.25%。这是因为翻耕作用将膜外部分高盐分土壤翻至膜内,再次灌水作用又将膜内土壤的这些高盐分淋洗至耕层以下的土壤中。

膜内距滴头10 cm处,NT处理的土壤脱盐深度在20 cm左右,平均脱盐率为-56.60%;而T处理的土壤脱盐深度在30 cm左右,平均脱盐率达-69.84%。各处理脱盐深度以下均为积盐区;其中,NT处理的下层土壤积盐率随灌水次数的增加分别为115.94%、231.9%、269.31%、92.03%;T处理的下层土壤积盐率随灌水次数增加也比NT

处理高，分别为 90.32%、231.14%、302.65%、178.67%。T 处理的膜内(距滴头 0 cm 和 10 cm)下层土壤总积盐率是 NT 处理同类指标的 1.23 倍，说明翻耕后灌水对膜内土壤盐分的淋洗效果更明显，使翻耕至膜内土壤中的盐分在水分淋洗作用下聚集在膜内底层土壤。

不同耕作措施处理下的膜外土壤盐分分布有显著差异($p<0.05$)[见图 6-5(c)、图 6-5(d)]。距滴头 25 cm 处的膜外土壤，T 处理的土壤脱盐深度明显比 NT 处理的土壤脱盐深度深。其中，NT 处理的土壤在 2~10 cm 深度范围内表现为脱盐，平均脱盐率为-12.27%；10 cm 以下土层的积盐率随灌水次数的增加分别为 201.22%、249.70%、414.72%、153.37%。T 处理的土壤脱盐深度可达 30 cm，平均脱盐率为-68.50%；30 cm 以下土层积盐率随灌水次数的增加逐渐增大，分别为 111.45%、73.12%、197.47%、244.27%。

距滴头 40 cm 处的膜外土壤，NT 处理在整个土层深度范围内都处在积盐状态[见图 6-5(d)]；且表土层(0~2 cm)积盐量最多，占整个土层深度盐分含量的 22.68%~34.64%，是下层土壤盐分含量的 3 倍多；2 cm 以下土层积盐率较低，且含盐量随灌水次数的增加变化不大。T 处理在没有进行翻耕前(T0)，表土层(0~2 cm)盐分含量较高，翻耕后(T1~T3)，表层土壤仅有少量盐分聚集，且脱盐深度随灌水次数的增加也逐渐加深，由 T1 处理的 20 cm 深度逐渐增大至 T3 处理的 30 cm 深度，平均脱盐率为-38.89%。T 处理膜外土壤平均脱盐区范围比 NT 处理深 25 cm，说明机械翻耕作用与灌水作用相结合对降低膜外土壤盐分含量效果明显。

试验数据表明，尽管 T 处理的膜外土壤含水率并不高[见图 6-4(c)、图 6-4(d)]，但脱盐深度却比 NT 处理的脱盐深度大，且耕层土壤盐分含量也比 NT 处理低[见图 6-5(c)、图 6-5(d)]。这是由于试验中将膜内低盐分土壤翻到了膜外，使膜外土壤在前一次翻耕后及后一次灌水前都比膜内土壤具有较低的含盐量(见表 6-3)。

表 6-3　翻耕后灌水前的膜内、外 0～15 cm 土层盐分含量

单位:g/kg

翻耕次数	土层深度/cm	距滴头 0 cm 处	距滴头 10 cm 处	距滴头 25 cm 处	距滴头 40 cm 处
1 次	0～5	28.96	23.74	9.28	8.92
	5～10	30.40	24.94	9.22	10.54
	10～15	36.46	26.80	9.10	9.40
2 次	0～5	20.26	20.56	14.02	14.08
	5～10	18.40	17.02	13.00	14.80
	10～15	16.84	17.08	13.84	13.78
3 次	0～5	19.66	19.78	13.90	14.08
	5～10	21.46	19.06	12.82	9.22
	10～15	20.86	17.98	15.22	12.70

数据显示,翻耕后、灌水前的膜内(距滴头 0 cm、10 cm 处)土壤盐分含量是膜外(距滴头 25 cm、40 cm 处)土壤盐分含量的 1.18～4.09 倍。因此,翻耕后的膜外耕层土壤盐分含量要比 NT 处理的同类指标低。这进一步表明了翻耕措施在调控覆膜滴灌条件下膜内、外土壤盐分分布方面的特殊作用,对于降低膜间土壤盐分表聚现象以及保证种植在地膜边缘附近作物(生产中称为边行作物)的正常生长具有积极作用。

6.3.2.2　田间试验土壤盐分分布特征

不同耕作措施对覆膜滴灌农田土壤的盐分分布结果显示,T^* 处理相比于 NT^* 处理对土壤盐分的扰动幅度较大;生育期内的灌水作用结束后,T^* 处理的膜内、外上层土壤盐分含量与春耕后相比都有所降低,NT^* 处理的膜外土壤呈盐分表聚特征(见图 6-6)。

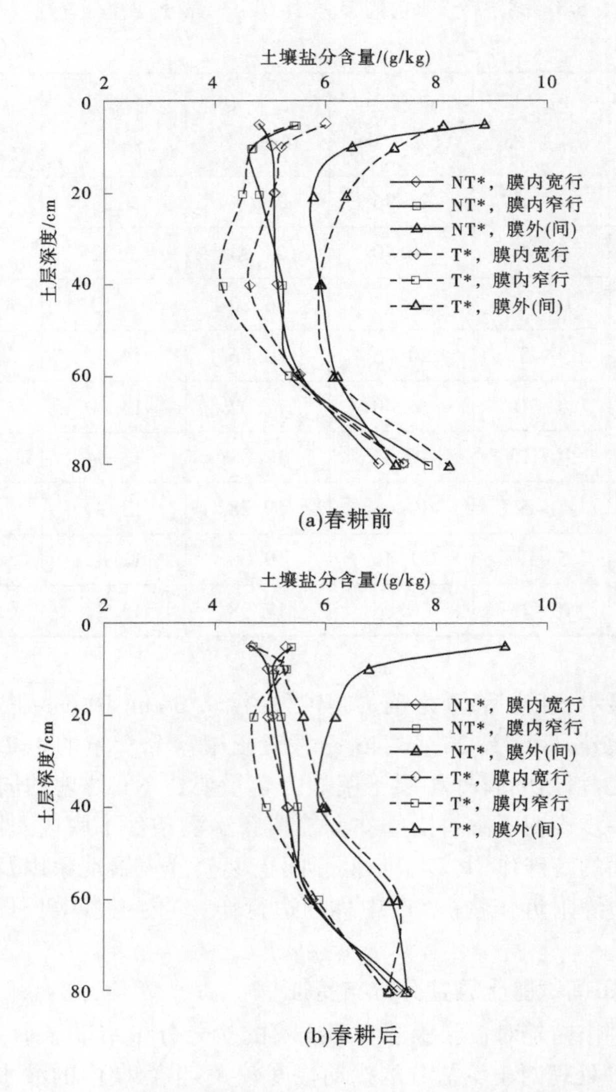

图 6-6　不同耕作措施处理下田间土壤盐分分布

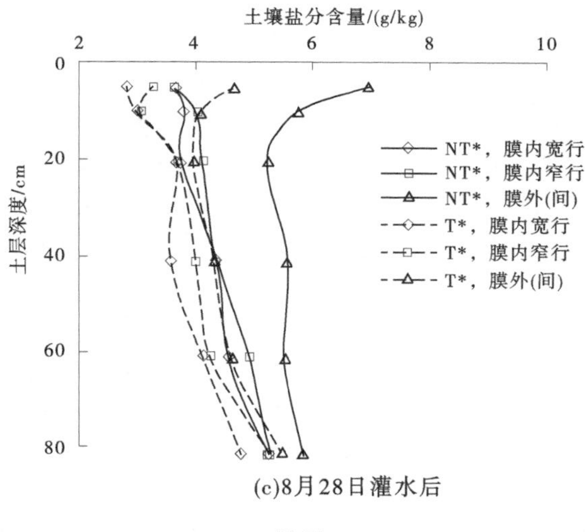

(c)8月28日灌水后

续图 6-6

上年度覆膜滴灌技术的应用,导致土壤盐分在原膜外(间)位置聚集;春季温度回升使得此处土壤呈现明显盐分表聚现象[见图 6-6(a)]。NT* 处理的试验区内,膜外位置的土壤盐分含量分别是膜内宽行及膜内窄行位置土壤盐分含量的 1.24 倍、1.21 倍,T* 处理的试验区分别为 1.25 倍、1.37 倍。

春耕后[见图 6-6(b)],经 T* 处理的耕层土壤盐分分布较为均匀,膜内宽行、膜内窄行以及膜外位置对应的平均土壤盐分含量依次为 5.64 g/kg、5.43 g/kg、6.11 g/kg;NT* 处理的膜内宽行、膜内窄行及膜外位置的盐分含量分别是 T* 处理的 0.98 倍、1.06 倍、1.17 倍,且膜外土壤盐分表聚现象仍十分明显。这一结果表明,水平翻耕作用可扰动田间土壤结构,促使耕层土壤中的盐分重新进行分布,将处于膜外位置的高盐分土壤与膜内低盐分土壤重新混合,造成膜内、外耕层土壤盐分分布更加均匀。另外,膜外土壤盐分含量的降低势必会造成膜内耕层土壤盐分含量的增加,但同时有利于生育期内灌水对膜内土壤盐分的淋洗,使农田土壤总体盐分含量降低。

如图 6-6(c)所示,生育期内灌水作用结束后,T* 处理的膜内外土壤盐分分布规律大体相同,膜内宽行、膜内窄行及膜外位置垂直方向上土壤的平均盐分含量依次为 3.64 g/kg、3.92 g/kg、4.52 g/kg,表现为"盐分底聚型"分布,膜外 0~10 cm 土层盐分含量与春耕前相比下降 42.94%。NT* 处理的土壤盐分含量明显比 T* 处理高,其膜内宽行、膜内窄行及膜外位置的平均土壤盐分含量依次为 4.23 g/kg、4.37 g/kg、5.80 g/kg。另外,虽然 NT* 处理的膜外土壤盐分含量整体有所下降,但仍有明显的盐分表聚特征,其 0~5 cm 土层盐分含量达 6.96 g/kg,比 T* 处理的同类指标高 2.30 g/kg。

棉花作为一种比较耐盐碱的非盐生植物,在萌芽出苗和幼苗阶段对盐分最为敏感[30],对不同耕作措施处理下棉花的出苗率及有效株占比率进行统计,结果如表 6-4 所示。

表 6-4　棉花出苗率及有效株占比率

处理	种植密度/(万株/hm^2)	总出苗率/%	总有效株占比率/%	边行出苗率/%	边行有效株占比率/%
NT*	24.012	65.32	60.59	56.99	53.26
T*	24.012	88.94	85.78	85.27	82.79

数据显示,T* 处理可有效提高棉花出苗率及有效株占比率,总出苗率及总有效株占比率分别比 NT* 处理高 23.62 个百分点及 25.19 个百分点。随着棉花生育期的延长,T* 处理的棉花存活率也高于 NT* 处理,T* 处理的总出苗率与总有效株占比率之间的差值为 3.16 个百分点,NT* 处理为 4.73 个百分点。这可能是由于 NT* 处理的膜内、外表土盐分含量均较高,出现在棉花生育期内的降水再次提高了表土积盐率,使根层土壤盐分超过了棉花出苗及苗期生长的耐盐值;另外,NT* 处理较高的根层土壤容重降低了土壤的通气性及提墒性[21],环境不利于棉花出苗及生长,使 NT* 处理的棉花出苗率及存活率都比 T* 处理低。不同耕作措施处理下,边行作物的出苗率及有效株占比率均低于相应的总体值,说明边行作物受土壤盐分胁迫的影响要高于内行。

6.3.3　翻耕处理下土壤含水率与盐分含量之间的关系

覆膜滴灌条件下,灌水及翻耕作用对土壤水盐分布都具有显著影响。为进一步探求覆膜滴灌土壤在翻耕处理下膜内、外土壤含水率与盐分含量之间的关系,将室内物理试验及田间试验的膜内、外土壤含水率及盐分含量进行线性回归,结果如图 6-7 所示。

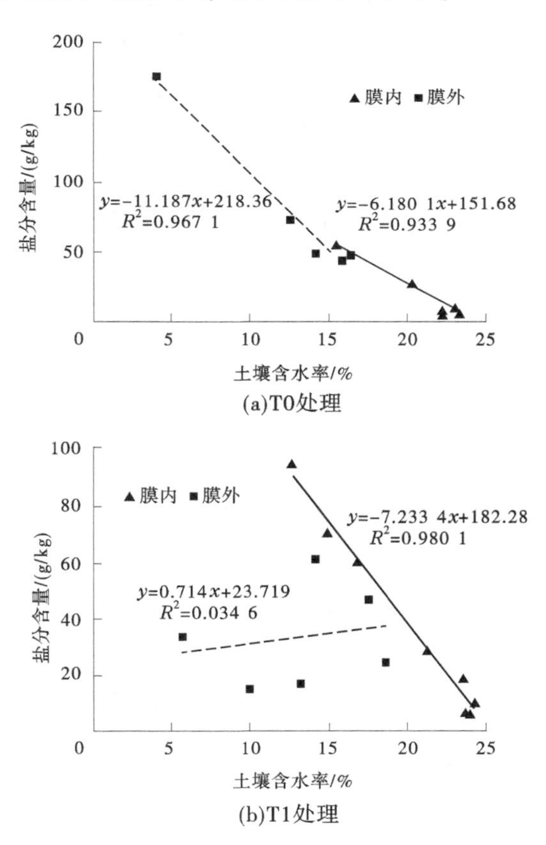

图 6-7　土壤含水率与盐分含量之间的关系

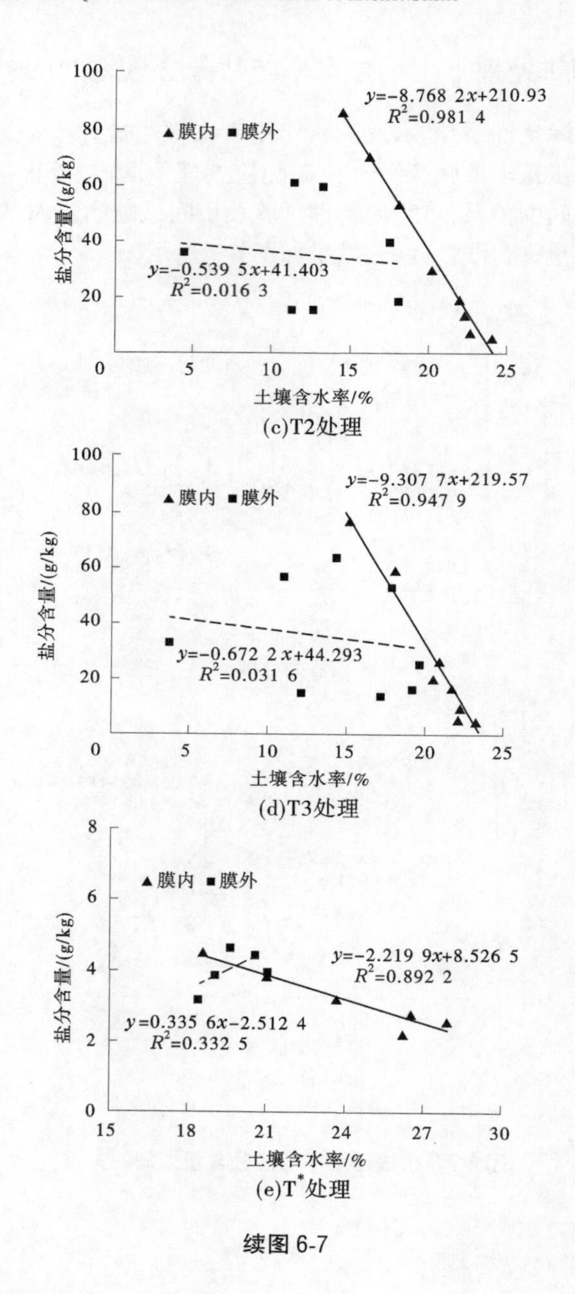

(c)T2处理

(d)T3处理

(e)T^*处理

续图 6-7

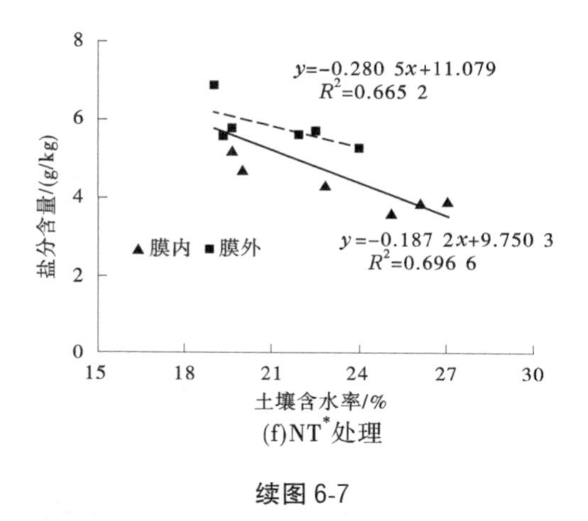

(f)NT*处理

续图 6-7

覆膜滴灌条件下,膜内土壤盐分随灌溉水淋洗到土壤底层;灌水量相同时,膜内土壤盐分含量越高,淋洗到底层土壤中盐分的量就越大。对于室内土槽试验[见图 6-7(a)～图 6-7(d)],膜内土壤含水率与盐分含量之间在不同翻耕次数处理下均呈显著的线性负相关关系,决定系数不小于 0. 933 9。这进一步说明,膜内土壤中的盐分受水分淋洗作用明显。

膜外土壤含水率与盐分含量之间的相关性明显较弱。除翻耕前(T0)[见图 6-7(a)],膜外土壤含水率与盐分含量之间具有较明显的线性负相关(决定系数为 0. 967 1)以外,首次翻耕(T1)[见图 6-7(b)]所对应的土壤含水率与盐分含量之间不再呈线性关系(决定系数为 0. 034 6),随翻耕次数的增加(T2～T3),两者之间的决定系数依然很低,不大于 0. 031 6。这表明膜外土壤含盐量的降低不完全取决于水分作用,实际上翻耕措施起了主导作用。

田间试验结果与室内土槽试验结果规律性大体相同。土壤在 T* 处理下[见图 6-7(e)],膜内土壤盐分含量与含水率之间具有较高的线性相关性(决定系数为 0. 892 2),而膜外土壤盐分含量与含水率之间的相关性明显较低(决定系数为 0. 332 5)。对于田间试验的 NT* 处理[见图 6-7(f)],膜内外土壤含水率与盐分含量之间的决定系数大于

0.6;说明在 NT* 处理下,膜内及膜外土壤盐分含量的降低依赖于水分的影响均比较大,T* 处理膜外土壤盐分分布受水分的影响不如 NT* 处理明显。

膜下滴灌条件下的土壤水盐分布受多种因素影响,水利作用及翻耕措施是其中的两个重要因素。滴灌淋洗和机械翻耕都可使土壤盐分分布状况发生改变,这实际上是土壤盐分在水利改良与客土改良相结合作用下产生了效果。

6.4 讨 论

本研究分别在室内土槽和田间对土壤进行免耕与水平翻耕处理,对比观察不同翻耕措施对覆膜滴灌土壤水盐分布的调控作用。从试验结果发现,翻耕作用可疏松耕层土壤结构,室内土槽试验的耕层土壤高度比首次灌水前高 1.8 cm 左右,田间试验也表明,翻耕作用使上、下层土壤容重明显不同(见表 6-2),这对土壤基质势与含水率之间的关系以及土壤的机械特性都产生了影响[31-32]。因此,可将翻耕后的土壤以耕层为分界线视为两种不同结构的土壤;其中,分界线以上的土层对水分的滞留作用大于下层土壤,增加了上层土壤的蓄水能力[33],为膜内上层土壤压盐积聚了水量;另外,上层土壤含水率的增大也增强了水分对土壤盐分的溶解程度[34],使土壤水分在下渗过程中所挟带的盐分含量增加。

翻耕处理的膜内深层土壤含水率低于免耕处理[见图 6-4(a)、图 6-4(b)],但其相应的积盐率却比免耕处理大[见图 6-5(a)、图 6-5(b)];同时,翻耕处理的膜外土壤含水率也小于免耕处理[见图 6-4(c)、图 6-4(d)],而相同深度处土壤的脱盐率却大于免耕处理[见图 6-5(c)、图 6-5(d)],这与土壤脱盐需要大量水分的结论相违背。这是因为本研究采用的是膜内与膜外土壤互换的水平翻耕措施,使翻耕后、灌水前的膜外土壤含盐量低于膜内土壤的含盐量(见表 6-3);且翻耕处理的膜内上层土壤比下层土壤疏松,其蓄水能力增大,为溶解膜内土壤所增加的盐分提供了条件;在此情况下,尽管上层土壤的水分下

渗量少于免耕处理,但是由于水分中溶解的盐分多,所以膜内深层土壤积盐率较高。由此产生的结果是,随着灌水次数的增加,土壤盐分的空间分布由早期的"膜外表聚型"逐渐向后期的"膜内底聚型"转变。

田间试验结果表明,春耕前,膜内区域的土壤在 40 cm 深度处出现盐分突变,膜外区域的土壤在 20 cm 附近(耕层以下)出现盐分突变,突变点以下的土壤含盐量随深度增加而增大[见图 6-6(a)],说明春季升温作用导致地下水向上层运动,并挟带土壤盐分向上运移。但春耕后[见图 6-6(b)],膜外 0~20 cm 土层的盐分含量经水平翻耕处理后明显降低,灌水后其平均含盐量比免耕处理低 2. 02 g/kg[见图 6-6(c)];尽管地下水仍然存在,但水平翻耕作用对膜外土壤盐分的抑制效果很显著。另外,生育期内的中耕作用疏松了膜外(间)土壤结构,使存在于土壤中的上升毛管水结构断裂,造成土壤盐分很难再次聚集于膜间地表。最终,经水平翻耕处理下的田间土壤盐分分布也由春耕前的"膜外(间)表聚型"逐渐向灌水后的"膜内底聚型"转变。

免耕处理下,膜外表层土壤中的盐分很难被滴灌水淋洗到土壤深层。但是,采用水平翻耕措施可使膜外表层土壤盐分翻耕至膜内,经膜下滴灌作用淋洗到土壤深层,从而给聚集在膜外表层土壤中的盐分提供了淋洗出路,使农田土壤含盐量整体下降。

根据室内土槽试验的结果,滴灌农田逐年坚持水平翻耕,可以起到很好的治理膜外土壤盐分表聚的效果。当前生产中采用的翻耕多为倾斜翻耕[35],即土壤上下翻,也有部分水平翻,仍然可以起到部分水平翻耕的作用。田间试验不仅验证了室内物理试验的理论结果,解释了田间土壤盐分随覆膜滴灌技术使用年限的增加呈逐渐降低趋势的基本原理,更为覆膜滴灌技术产生的盐分表聚现象的治理提供了基本思路。

在治理土壤盐碱化的技术领域中,水利改良一般为首选措施,膜内土壤随灌水次数的增加而脱盐的现象就是水利改良的效果;而在翻耕措施下,膜内低盐土壤与膜外高盐土壤之间的互换使得膜外土壤含盐量降低是客土改良的效果。将客土翻耕技术作为治理膜外土壤盐分表聚的一种机械手段与水利改良措施相结合,对于减缓膜下滴灌技术产生的膜外土壤盐分表聚现象具有显著效果。前人的研究结果表

明[6-10]，田间土壤盐分含量随着膜下滴灌技术使用年限的增加呈逐渐降低趋势，本试验结果表明，这一现象不一定单纯是由灌溉导致的，翻耕作用在其中可能也产生了重大影响。新疆农田每年要进行一次秋耕(或春耕)，根据种植作物的不同，有时还要进行多次中耕，这都给膜内、外土壤盐分的治理提供了有利条件，特别是播种前的首次翻耕(即春耕或秋耕)作用对于降低土壤盐分含量意义重大。当然，不同耕作措施处理下的土壤水盐动态变化规律、水盐平衡规律等问题还需要深入探究。

6.5 结论

(1)覆膜滴灌条件下，翻耕作用可提高膜内耕层土壤的蓄水能力，降低土壤水平渗吸能力及垂直扩散能力。试验结果表明，翻耕处理的膜内耕层土壤平均含水率比免耕处理高3.66个百分点，耕层以下土壤的平均含水率比免耕处理低4.13个百分点。

(2)覆膜滴灌条件下，膜内土壤盐分分布受水分淋洗作用影响较大，膜外土壤的盐分分布主要受翻耕作用影响；翻耕处理的膜内下层土壤总积盐率是免耕处理的1.23倍，膜外土壤平均脱盐区范围比免耕处理深25 cm。翻耕处理下的棉花总出苗率及总有效株占比率分别比免耕处理高23.62个百分点及25.19个百分点。

(3)水平翻耕作用可有效降低膜外表土层盐分含量，水平翻耕技术与膜下滴灌技术相结合相当于综合利用水利改良与客土改良来治理农田土壤盐碱化，最终可使土壤盐分空间分布由早期的“膜外表聚型”逐渐向后期的“膜内底聚型”转变。

参考文献

[1] 牟洪臣，虎胆·吐马尔白，苏里坦，等. 不同耕种年限下土壤盐分变化规律试验研究[J]. 节水灌溉，2011(8)：29-31，35.
[2] 刘洪亮，褚贵新，赵风梅，等. 北疆棉区长期膜下滴灌棉田土壤盐分时空变化与次生盐渍化趋势分析[J]. 中国土壤与肥料，2010(4)：12-17.

[3] 谭军利，康跃虎，焦艳平，等. 不同种植年限覆膜滴灌盐碱地土壤盐分离子分布特征[J]. 农业工程学报,2008，24(6):59-63.
[4] 殷波,柳延涛. 膜下长期滴灌土壤盐分的空间分布特征与累积效应[J]. 干旱地区农业研究，2009,27(6):228-231.
[5] 靳姗姗. 干旱地区膜下滴灌条件下水盐运移规律及防治盐碱化的研究[D]. 西安:长安大学,2011.
[6] 李明思，刘洪光，郑旭荣. 长期膜下滴灌农田土壤盐分时空变化[J]. 农业工程学报，2012，28(22):82-87.
[7] 李宝富，熊黑钢，张建兵，等. 不同耕种时间下土壤剖面盐分动态变化规律及其影响因素研究[J]. 土壤学报，2010，47(3)：429-438.
[8] 卢响军，武红旗，张丽，等. 不同开垦年限土壤剖面盐分变化[J]. 水土保持学报，2011，25(6):229-232.
[9] 明广辉，田富强，胡宏昌. 地下水埋深对膜下滴灌棉田水盐动态影响及土壤盐分累积特征[J]. 农业工程学报，2018,34(5)：90-97.
[10] 周丽，王玉刚，李彦，等. 盐碱荒地开垦年限对表层土壤盐分的影响[J]. 干旱区地理，2013,36(2):285-291.
[11] 李朝阳，王振华，郑旭荣，等. 膜下滴灌应用年限对盐碱荒地土壤盐分的调控[J]. 武汉大学学报(工学版),2013，46(6)：696-701.
[12] Licht M A,Al-Kaisi M. Strip-tillage effect on seedbed soil temperature and other soil physical properties[J]. Soil and Tillage Research，2005，80(1/2)：233-249.
[13] Tu C，Li F，Qiao Y，et al. Effect of experimental warming on soil respiration under conventional tillage and no-tillage farmland in the north China Plain[J]. Journal of Integrative Agriculture,2017,16(4)：967-979.
[14] Wilson C E,Keiling T C，Miller D M，et al. Tillage influence on soluble salt movement in silt loam soils cropped to paddy rice[J]. Soil Science Society of America Journal，2000，64(5)：1771-1776.
[15] 王旭东，张霞，王彦丽，等. 不同耕作方式对黄土高原黑垆土有机碳库组成的影响[J]. 农业机械学报，2017，48(11)：229-237.
[16] 陈俊英，吴普特，张智韬，等. 翻耕法对土壤斥水性改良效果[J]. 排灌机械工程学报,2012,30(4):479- 484.
[17] 李裕元，邵明安. 土壤翻耕对坡地水分转化与产流产沙特征的影响[J]. 农业工程学报，2003,19(1)：46-50.

[18] 王辉，王全九，邵明安，等. 翻耕与压实对坡地土壤溶质迁移过程的影响[J]. 中国水土保持科学，2008，6(6)：21-25,86.

[19] 李文凤，张晓平，梁爱珍，等. 不同耕作方式下黑土的渗透特性和优先流特征[J]. 应用生态学报，2008，19(7)：1506-1510.

[20] 翟振，李玉义，郭建军，等. 翻耕对土壤物理性质及小麦-玉米产量的影响[J]. 农业工程学报，2017,33(11):116-123.

[21] 崔建平，田立文，郭仁松，等. 深翻耕作对连作滴灌棉田土壤含水率及含盐量影响的研究[J]. 中国农学通报,2014，30(12)：134-139.

[22] Scholtzm T, Bidleman T F. Modelling of the long-term fate of pesticide residues in agricultural soils and their surface exchange with the atmosphere: Part I. Model description and evaluation[J]. Science of the Total Environment, 2006, 368(2): 823-838.

[23] Zhang B, He H, Ding X, et al. Soil microbial community dynamics over a maize (Zea mays L.) growing season under conventional-and no-tillage practices in a rainfed agroecosystem[J]. Soil and Tillage Research, 2012(124):153-160.

[24] Teodor R. Energy efficiency and soil conservation in conventional, minimum tillage and no-tillage[J]. International Soil and Water Conservation Research, 2014, 2(4): 42-49.

[25] 任景全，王连喜，陈书涛，等. 免耕与翻耕条件下农田土壤呼吸的比较[J]. 中国农业气象，2012，33(3):388-393.

[26] 王振华，杨培岭，郑旭荣，等. 新疆现行灌溉制度下膜下滴灌棉田土壤盐分分布变化[J]. 农业机械学报，2014，45(8)：149-159.

[27] 王遵亲，祝寿全，俞仁培，等. 中国盐渍土[M]. 北京：科学出版社，1993.

[28] 曹敏建. 耕作学[M]. 北京：中国农业出版社,2002.

[29] 龚振平,邵孝侯,张富仓,等. 土壤学与农作学[M]. 北京：中国水利水电出版社,2009.

[30] 王兴鹏. 冬春灌对南疆土壤水盐动态和棉花生长的影响研究[D]. 北京：中国农业科学院，2018.

[31] Allbrookr F. Shrinkage of some New Zealand soils and its implications for soil physics[J]. Australian Journal of Soil Research, 1992, 31(2):111-118.

[32] Yongr N, Warkentinb P. Soil properties and behavior[M]. Amsterdam: Elsevier Scientific, 1975.

[33] 孙国峰，张海林，徐尚起，等. 轮耕对双季稻田土壤结构及水贮量的影响

[J]. 农业工程学报, 2010,16(9):66-71.
[34] 周发超. 饱和非饱和土壤中溶质的溶解-结晶二相模型初探[D]. 武汉:武汉大学,2010.
[35] 黄玉祥, 杭程光, 宛梦婵, 等. 深松土壤扰动行为的离散元仿真与试验[J]. 农业机械学报, 2016,47(7):80-88.

第7章

翻耕深度对膜下滴灌棉花生长和冠层小气候的影响

7.1 引言

新疆地区广泛采用膜下滴灌技术进行棉花种植,以达到节水增产的目的;同时,农田每年秋季(或春季)都对土壤进行翻耕作业,以获得熟化土壤、减少虫害、抑制土壤返盐或蓄水保墒的效果。这两项技术或措施使新疆棉花产量明显提高[1],有研究表明,翻耕深度的增加对提高棉花产量也有促进作用[2]。棉花增产除与合理的土壤水分状况有关外,还与田间小气候状况有关,分析棉田小气候随翻耕深度变化的关系,对认识棉花生长条件及其调控原理很有帮助。

田间小气候环境对作物生长的影响已得到学术界的共识,适宜的环境湿度有助于植株生长。目前,学者们在农田小气候方面的研究大都侧重于农作物生长发育、产量形成及产量预测等指标与气候要素之间的关系问题上。李润丰[3]通过对番茄的生长环境进行加湿处理,发现空气湿度较高的处理番茄叶面积指数、根重、产量及干物质累积等都明显高于空气湿度较低的处理。娄善伟等[4]对不同种植密度的棉田小气候情况进行了观测;任锋潇等[5]对不同冠层结构的棉田小气候情况进行了分析。另外,有学者从翻耕措施调节土壤水盐状态的角度对棉花增产的机制做了研究[1,6,7],发现翻耕措施可调节土壤结构,翻耕深度的加深可延长棉花生育周期、提高棉花产量。可以看出,翻耕措施和小气候调节都对作物增产有积极作用;但是,翻耕深度对田间小气候

的调节作用相关研究较少。

农田中的小气候通过土壤及周围环境的温度、湿度变化进行调节；而土壤及作物冠层温度、湿度是由土壤-植物-大气连通体内的热量和水汽运动共同决定的，它既能反映作物与大气之间的能量交换，也是影响作物产量的重要因素[8]。犁底层的存在会阻碍耕作层与心土层之间的水、肥、气、热连通性，延长水分入渗时间[9,10]；深翻能够打破土壤犁底层，增加灌溉水分入渗量[11]，提高耕层土壤液相所占比例，减少土壤水分向水平方向扩散的量[12,13]，提高水分利用效率[14]，促进根系生长[15]。膜下滴灌条件下，农田膜外土壤棵间蒸发量减少，膜内土壤虽然有地膜覆盖，仍能接收太阳的短波辐射，但却难以向大气进行长波漫射，从而避免了土壤降温，使土温升高[16]，有利于作物根系耗水。由于农田膜外土壤含水量较少，冠层湿度只能依靠叶片气孔腾发进行补充，此时土壤的储水能力对冠层小气候的影响更加重要。所以，膜下滴灌技术对田间作物小气候的调控途径与传统种植模式下的调控途径不同。

新疆棉花是一种高密度种植作物，植株间冠层小气候的温度、湿度受冠层外环境温度、土壤水热气等多因素的影响；同时株间冠层小气候的温度、湿度也是植株水分状况的间接反映。所以，认识翻耕深度对棉花冠层小气候的影响，有利于从农田生态角度揭示深翻措施引起棉花增产的原因。本章研究结果对认识翻耕深度促进棉花增产的机制有重要意义，对发展新疆棉花高产技术有参考价值。

7.2　材料与方法

7.2.1　研究区概况

试验于2019年4～10月在新疆库尔勒市普惠农场（85°52′E，41°25′N，海拔880 m）进行，该区位于天山南麓塔里木盆地东北边缘，属孔雀河冲击平原带，暖温带大陆荒漠气候，常年干旱少雨、蒸发强烈，年日照时数可达3 000 h。试验期间测得总降水量为69 mm；农田环境温度及大气湿度指标如图7-1所示。试验地土壤为沙性壤土，田间持水率(质量含水率)为 28.67%,0~100 cm 土层土壤盐分含量为 2.96~8.66 g/kg;棉花种植品种为“新陆中系列”,灌溉方式为膜下滴灌。生育期地下水平均埋深为 2.45 m。

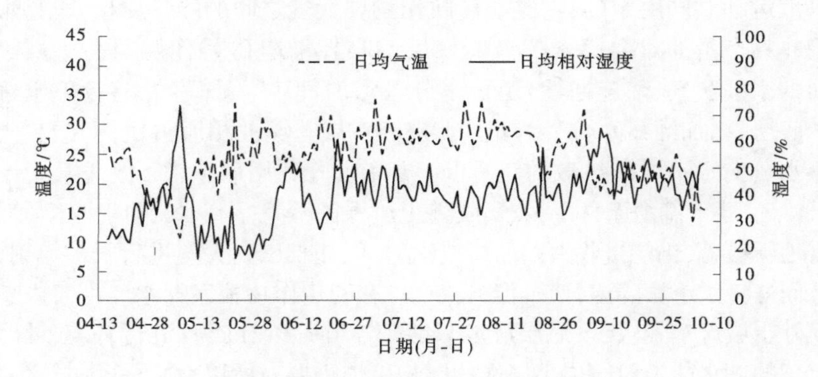

图 7-1 试验期间大气温度与湿度变化

7.2.2 试验设计

试验区总面积约 960.48 m^2,共分 4 个试验小区,各试验区面积均为 240 m^2。春耕时设置 3 种翻耕深度处理,分别为 20 cm、30 cm、40 cm,以免耕处理作为对照;各处理分别标注为 T20、T30、T40、NT,每个处理分别设置 3 组重复。对于 T20、T30、T40 处理,采用传统犁铧进行春耕,春耕后耙平进行棉花种植。NT 处理的农田不春耕,而是直接种植棉花。试验期间,对各处理的农田均进行 8 次灌水,灌溉定额均为 475 mm。具体灌溉方案见表 7-1。

表 7-1 棉花生育期灌溉制度

项目	1	2	3	4	5	6	7	8
灌溉时间(月-日)	06-19	06-30	07-09	07-19	07-29	08-08	08-17	08-26
灌水定额/mm	55	60	60	60	60	60	60	60
灌溉比例/%	11.58	12.63	12.63	12.63	12.63	12.63	12.63	12.63

试验棉田均于2019年4月16日播种,7月5日对棉花统一进行打顶,9月上旬开始采摘。其间喷洒农药控制病虫害。根据当地棉花种植及灌溉模式,采用“一膜一管四行”的宽窄行模式进行栽培与灌溉,土壤表面覆膜宽度均为115 cm,膜间裸地宽度为30 cm,膜内棉花宽行间距、窄行间距分别为55 cm、25 cm(见图7-2),株距10 cm,种植密度约24.01万株/hm^2。单翼迷宫式滴灌管铺设于膜下宽行中间位置进行灌水,滴灌带内径为16 mm,滴头间距为30 cm,滴头设计流量为2.2 L/h。

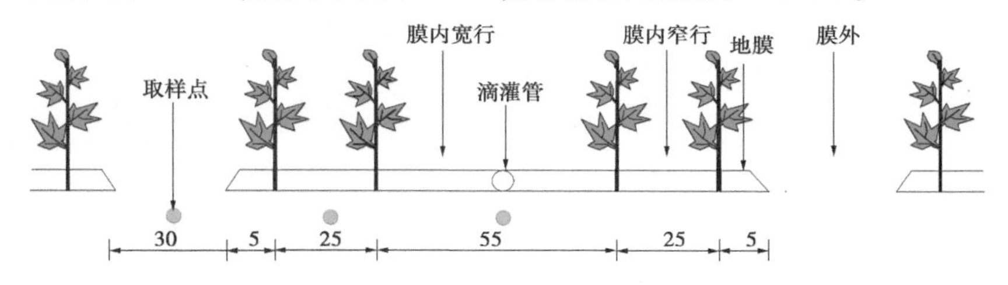

图7-2 棉花、滴灌管、地膜配置模式示意图及取样点位置分布图 (单位:cm)

7.2.3 测定指标及方法

7.2.3.1 土壤容重的测定

环刀法测定土壤容重。播种后于每月中、下旬用环刀(体积100 cm^3)测定不同翻耕深度处理下膜内位置0~5 cm、5~10 cm、10~20 cm、20~30 cm、30~40 cm、40~60 cm 6个层次的土壤容重。各处理的每个土层设置3组重复,加权平均值作为最终的有效数据。

7.2.3.2 土壤温度及植株冠层温度、湿度的测定

试验期间采用自动气象站监测棉花冠层上部(距地面2 m)大气环境温度和湿度。曲管地温计在膜内棉花宽行测定不同翻耕深度处理下的土壤温度,测定深度分别为5 cm、10 cm、15 cm及20 cm。空气温度计、湿度计测定不同翻耕深度处理的棉花植株近地表冠层温度及湿度;由于不同翻耕深度处理的棉花株高及冠幅不同,为了便于比较观测结果,统一在各处理的棉花宽行(株间)冠层内的下部测温度、湿度。为尽量减少人为活动对棉花生长的干扰,分时段测定棉花株间冠层温度、湿度;测定时段分别选为苗期(06-01~06-02)、蕾期(06-24~06-25)以及花铃期(07-17~07-18、07-21~07-22);其中,花铃期的冠层温度、湿度

观测分别是在灌水前后实施；每次连续观测 48 h，每隔 2 h 读取一次数据。

7.2.3.3 土壤含水率的测定及耗水量的计算

干燥法测定土壤含水率。试验期间，在每次灌水前后分别于膜内宽行、膜内窄行及膜间裸地 3 个位置用土钻采取土壤样品，取样深度分别为 0~5 cm、5~10 cm、10~20 cm、20~40 cm、40~60 cm、60~80 cm，具体取样点分布见图 7-2。土样放置在 105 ℃的鼓风干燥箱中烘干，然后计算相应土层的土壤质量含水率值。利用土壤质量含水率计算单位面积耕层深度土壤含水量的公式为：

$$m = 10\sum_{i=1}^{n} \gamma_i \times H_i \times \theta_i \tag{7-1}$$

式中 m——耕层土壤含水量，mm；

n——耕层取样层数；

γ_i——第 i 层土壤干容重，g/cm³；

H_i——第 i 层土壤厚度，cm；

θ_i——第 i 层土壤在计算时段的质量含水率，%。

作物生育期内的耗水量由水量平衡公式计算[17]：

$$ET_{1-2} = 10\sum_{i=1}^{n} \gamma_i \times H_i(\theta_{i1} - \theta_{i2}) + M + P + K + C \tag{7-2}$$

式中 ET_{1-2}——计算时段内耗水量，mm；

θ_{i1}、θ_{i2}——第 i 层土壤在计算时段始、末的质量含水率，%；

M——阶段内灌水量，mm；

P——阶段内降水量，mm；

K——阶段内地下水补给量，mm；

C——阶段内排水量，mm。

由于计算时段内未进行灌水，不会产生深层渗漏，地下水对土壤水的补给均可忽略，且新疆南疆地区蒸发强度大，单次降水量较小，几乎对土壤含水率不产生直接影响，故式(7-2)可简化为：

$$ET_{1-2} = 10\sum_{i=1}^{n} \gamma_i \times H_i(\theta_{i1} - \theta_{i2}) \tag{7-3}$$

7.2.3.4 棉花生长状况调查

在各处理的试验小区内选取长势均匀且具有代表性的区域定 3 个

测点，每个测点选取10株棉花（内、外行各5株），每个处理共计30株棉花。在棉花铃期（8月中旬）测定株高、茎粗、果枝数、铃数等指标。以各指标所得数据的算数平均值作为最终的有效数据。

7.2.3.5　棉花籽棉产量的计算

棉花进入吐絮期后，在各处理小区随机选取100个棉铃采摘棉絮，用精度为0.01 g的电子天平称量百铃絮重；再根据各处理的实际棉花有效株占比计算棉花的籽棉理论产量。具体公式为：

$$Y = 0.001c \times g \times \rho \times \xi \tag{7-4}$$

式中　Y——籽棉产量，kg/hm^2；

c——平均单株棉铃数，个/株；

g——平均单铃絮的质量，g；

ρ——种植密度，株/hm^2；

ξ——有效株占比率，%，是单位面积有效株数与种植密度之比。

7.2.3.6　水分利用效率计算

基于灌水量的水分利用效率采用WUE表示，计算公式为：

$$\mathrm{WUE} = \frac{Y}{10 \times I} \tag{7-5}$$

式中　WUE——基于灌水量的水分利用效率，kg/m^3；

Y——产量，kg/hm^2；

I——灌水量，mm。

7.2.4　数据处理

采用Origin 2018、Excel 2003、SPSS 20.0等工具完成相应试验数据分析及作图。

7.3　结果与分析

7.3.1　翻耕深度对土壤容重的影响

土壤容重动态在一定程度上反映了翻耕后土壤结构的变化特征，

其数值的变化影响着土壤水分运动和热量的传输与转化过程[18]。随着棉花生育期的延长,NT 处理的各层土壤容重始终保持在较高的值,而翻耕措施降低了耕层土壤容重。生育期内的灌水作用及农田机械作业又使不同翻耕深度处理的各层土壤容重不断增大,至生育期结束后,各处理的土壤容重基本趋于稳定(见图 7-3)。

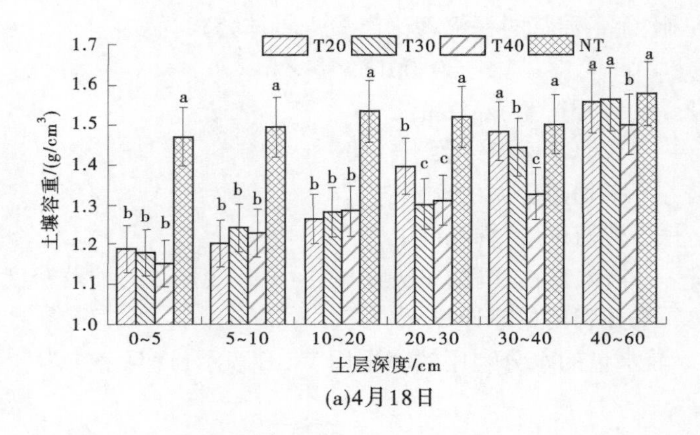

(a)4月18日

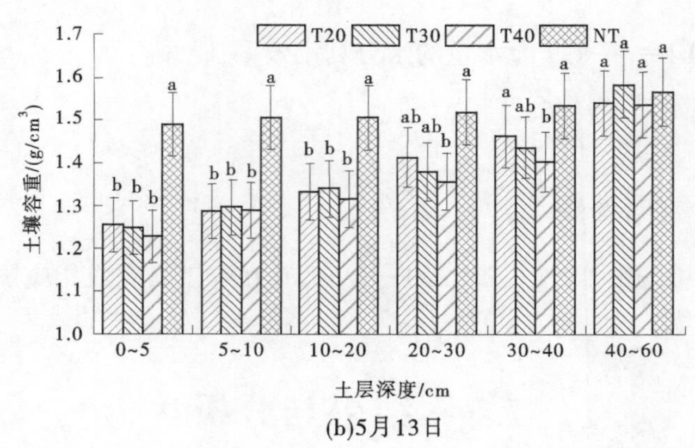

(b)5月13日

注:不同小写字母表示处理间差异达 5%显著水平。

图 7-3　不同耕作深度处理下土壤容重随时间的变化

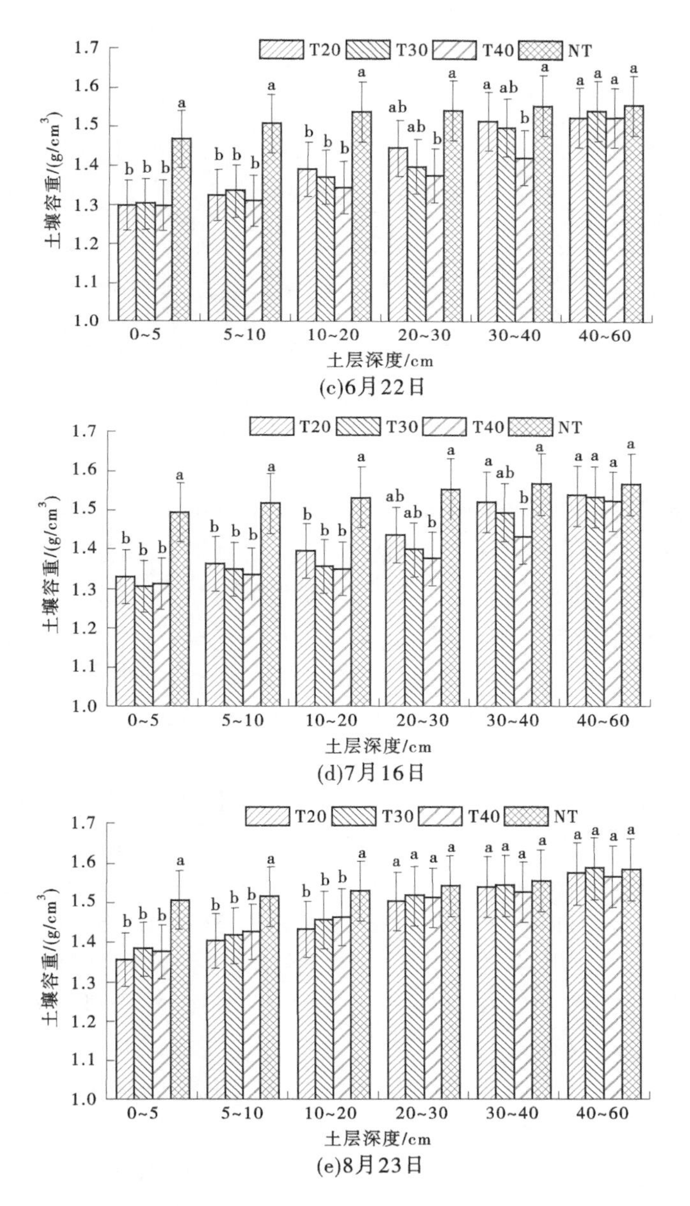

(c)6月22日

(d)7月16日

(e)8月23日

续图 7-3

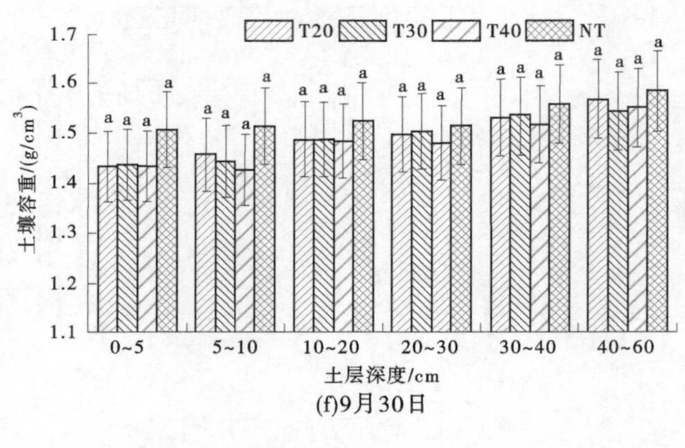

(f)9月30日

续图 7-3

受春耕时翻耕深度的影响,春耕后(4 月 18 日)测得不同翻耕深度处理的各土层容重有所差异[见图 7-3(a)]。NT 处理的土壤容重始终最大,0~60 cm 土层的平均土壤容重为 1.52 g/cm³。翻耕处理(T20、T30、T40)在耕层范围内土壤较为疏松,土壤容重较小,相应的平均土壤容重分别为 1.22 g/cm³、1.25 g/cm³、1.26 g/cm³;耕层以下深度的土壤容重则较大,对应的平均土壤容重分别为 1.48 g/cm³、1.51 g/cm³、1.5 g/cm³。

随着棉花生育期的推进,受灌水及农田机械作业的影响,翻耕处理各层土壤逐渐变密实。5 月中旬测得不同翻耕深度处理的各土层(0~5 cm、5~10 cm、10~20 cm、20~30 cm、30~40 cm、40~60 cm)土壤容重分别比春耕后增加 4.62%、4.01%、2.30%、2.35%、1.22%、0.27%[见图 7-3(b)];6 月测得的同类指标分别比春耕后测得的增加 7.56%、6.07%、5.22%、4.10%、4.00%、0.91%[见图 7-3(c)]。进入 6 月中旬之前没有灌水,仅有简单的农田管理活动,但上层土壤容重的变化率仍大于下层土壤。7 月进入棉花花铃期,也是棉花灌水的关键期,深翻处理的土壤容重依然最小;各处理(NT、T20、T30、T40)下,0~60 cm 土层范围内的平均土壤容重分别为 1.54 g/cm³、1.43 g/cm³、1.41 g/cm³、1.39 g/cm³[见图 7-3(d)]。8 月观测到的不同翻耕深度处理 20 cm 以

下土层的土壤容重已趋于稳定，与 NT 处理相差不大；而 20 cm 以上土层的土壤容重与 NT 处理相比仍存在差异[见图 7-3(e)]。各翻耕处理(T20、T30、T40) 20 cm 以上土层的平均土壤容重分别比 NT 处理低 7.91%、6.51%、6.30%。说明农田管理活动及灌水作用虽然对上层土壤容重的变化产生影响，但下层土壤的密实速度要快于上层土壤。这可能是由于灌水后上层土壤重量增大，对下层土壤产生的压力增加，导致下层土壤逐渐密实。9 月下旬棉花进入吐絮期，不同翻耕深度处理的各土层土壤容重基本相同，上层土壤容重依然比下层小，但差异性比春耕前明显降低[见图 7-3(f)]。全生育期内，各处理(T20、T30、T40) 40 cm 以上土层的平均土壤容重分别比 NT 处理低 7.89%、9.21%、13.33%。

7.3.2　翻耕深度对土壤含水量及农田耗水量的影响

翻耕深度引起土壤容重的变化对土壤储水能力及作物耗水能力产生影响。翻耕深度的增加能够有效提高膜内土壤储水能力，降低土壤水分向膜外的水平扩散[12]。膜内较高的土壤孔隙率及含水率能够促进植株耗水。根据在灌水期(蕾期、花期、铃期)观测的田间土壤水分数据以及利用式(7-1)计算得到的各处理的耕层土壤含水量，发现各生育期不同翻耕深度处理的膜内土壤水分均明显高于膜外土壤水分，膜内土壤储水量随翻耕深度的增加而增大，而膜外土壤储水量随翻耕深度的增加而降低。对于选取的 3 个生育阶段(蕾期、花期、铃期)，T40 处理的灌后膜内土壤储水量分别比 NT、T20、T30 处理高-103.70 mm、32.30 mm、23.02 mm，膜外土壤储水量分别比 NT、T20、T30 处理低 22.32 mm、6.91 mm、6.73 mm。NT 处理的土壤由于结构密实，入渗速度慢，灌水后水分在膜内及膜外表土聚集，造成 NT 处理的膜内及膜外土壤储水量均高于 T40 处理。

在棉花苗期、蕾期、花期及铃期内各选取一次灌水间隔期观测到的土壤含水率，利用式(7-3)计算出不同翻耕深度处理下膜内及膜外位置的农田耗水量(见图 7-4)。

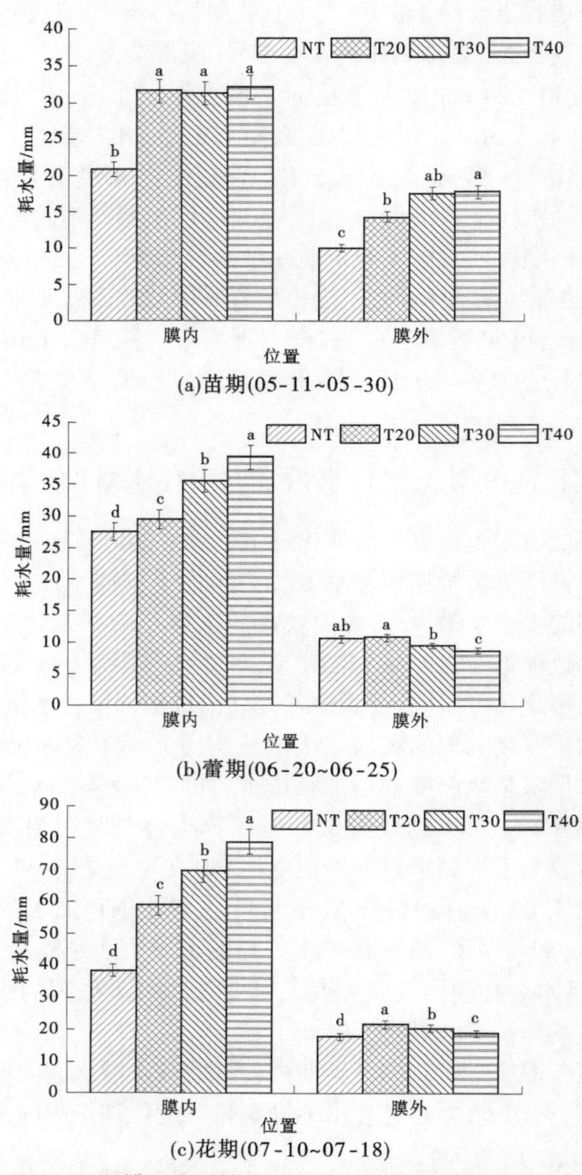

(a)苗期(05-11~05-30)

(b)蕾期(06-20~06-25)

(c)花期(07-10~07-18)

图 7-4　翻耕深度对棉花不同生育期农田耗水量的影响

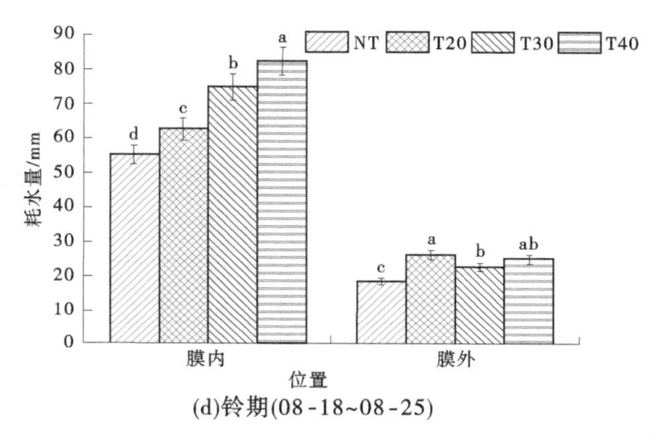

(d)铃期(08-18~08-25)

续图7-4

灌水后及下次灌水前土壤含水量的差值可间接反映植株的耗水情况。棉花在不同生育阶段均呈现深翻处理农田耗水量大于浅翻及免耕处理的情况。苗期T20、T30、T40处理的膜内、外农田总耗水量分别是NT处理的1.49倍、1.58倍、1.62倍[见图7-4(a)],蕾期对应的数值分别为1.05倍、1.18倍、1.26倍[见图7-4(b)],花期对应的数值分别为1.44倍、1.61倍、1.75倍[见图7-4(c)],铃期对应的数值分别为1.21倍、1.33倍、1.46倍[见图7-4(d)]。对于选取的4个生育阶段,T20、T30、T40处理的农田总耗水量分别是NT处理的1.30倍、1.42倍、1.52倍。

另外,膜内土壤被薄膜覆盖,有效降低了表土蒸发,但不同生育阶段膜内位置的农田耗水量均高于膜外位置的农田耗水量。苗期各处理(NT、T20、T30、T40)膜内位置的农田耗水量分别是膜外的2.09倍、2.21倍、1.79倍、1.81倍,蕾期对应的指标分别为2.61倍、2.75倍、3.76倍、4.56倍,花期对应的指标分别为2.20倍、2.72倍、3.44倍、4.20倍,铃期对应的指标分别为3.02倍、2.40倍、3.31倍、3.32倍;对于选取的4个棉花生育阶段,各处理(NT、T20、T30、T40)膜内位置的农田总耗水量分别是膜外位置农田总耗水量的2.48倍、2.52倍、3.08倍、3.47倍。由此可以推测,棉株从膜内土壤中消耗的水分对冠层小气候的调控作用应该大于膜外土壤的水分蒸发对冠层小气候的调控作用。

7.3.3 翻耕深度对土壤温度的影响

地温依赖于气温的变化而变化,受大气温度的影响,不同翻耕深度处理的土壤昼夜温度变化基本呈正弦分布。各土层土壤的日间温度变幅均大于夜间,峰值出现的时间随土层深度的增加呈现延迟;受气温影响,靠近地表的土层温度变幅大于下层土壤的温度变幅(见图 7-5)。土壤日积温随翻耕深度的增加也逐渐增大。

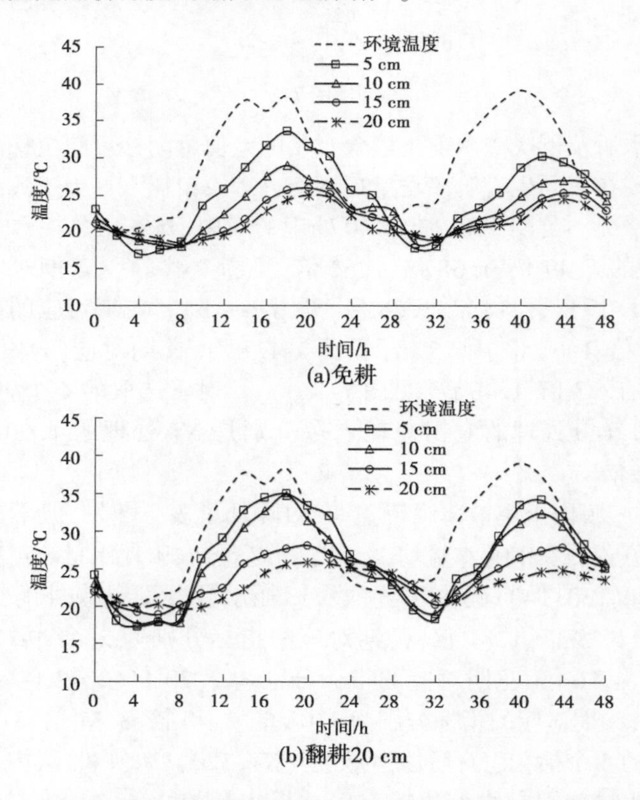

图 7-5 不同翻耕深度处理对棉花苗期各层土壤温度的影响

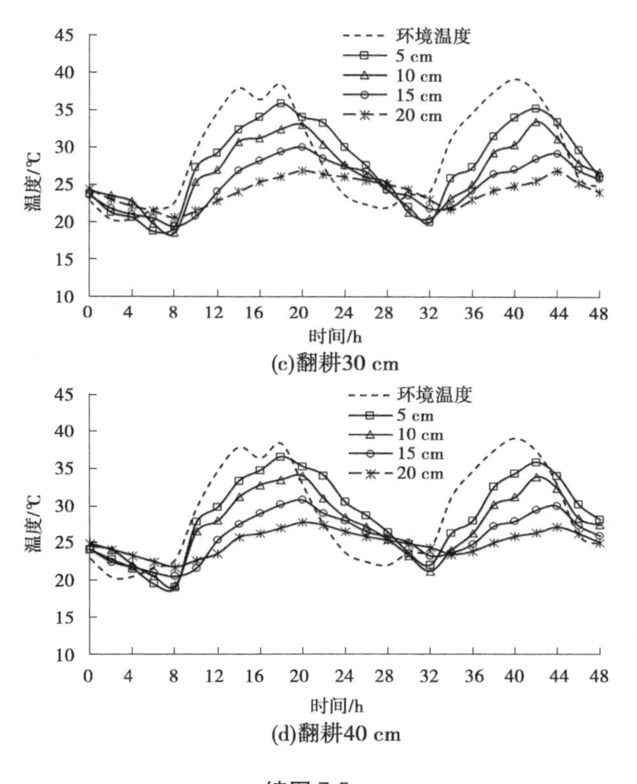

续图 7-5

土壤温度变化是土壤随太阳辐射和大气温度的变化而吸收和释放能量的过程。但是,膜下滴灌条件下,地膜阻隔了土壤与大气之间的直接热量交换。阳光可以穿过地膜辐射到土壤表面,提高地温;当大气降温时,地膜表面温度降低,使大量水汽在膜内表面凝结[19],吸收了热量,凝结水渗入表土,导致膜内表土温度低于大气温度(见图 7-5)。观测结果表明,8:00～18:00 为 5～10 cm 土层土壤温度的上升阶段,NT 处理下该土层平均增温 12. 95 ℃[见图 7-5(a)];各翻耕处理(T20、T30、T40)的相应数值分别为 16. 65 ℃、15. 10 ℃、15. 85 ℃[见图 7-5(b)～图 7-5(d)]。20:00 至次日 8:00 为 5～10 cm 土层温度的下降阶段;NT 处理下,该土层的平均温度降幅为 10. 90 ℃;各翻耕处理(T20、

T30、T40)的相应数值分别为 13.55 ℃、13.25 ℃、13.00 ℃。各处理、各层土壤日间温度的增幅均大于其夜间温度的降幅,总体上,土壤处在增温状态。

对不同翻耕深度处理下的棉花苗期各土层日间温度情况进行分析,发现 NT 处理的各土层日间温差小于各翻耕处理 1.67~2.00 ℃,但是各翻耕处理之间的土层日间温差相差不大。随着翻耕深度的增加,各土层的日均温由 23.06~26.53 ℃增加到 25.02~28.64 ℃。日积温也随翻耕深度的增加而增大,T20、T30、T40 处理所对应的 0~20 cm 土层的日总积温量分别比 NT 处理高 214.50 ℃、322.60 ℃、408.00 ℃。

7.3.4 翻耕深度对棉花株间冠层湿度的影响

大气湿度随温度的变化呈双峰型日变化,规律与温度变化相反。清晨及夜间大气湿度高、温度低,而日间大气湿度低、温度高。棉花株间近地表冠层湿度的变化规律虽然与冠层上部大气湿度的变化规律类似,但是,冠层蒸腾作用及地表蒸发作用使得近地表冠层湿度大于大气湿度(见图 7-6)。

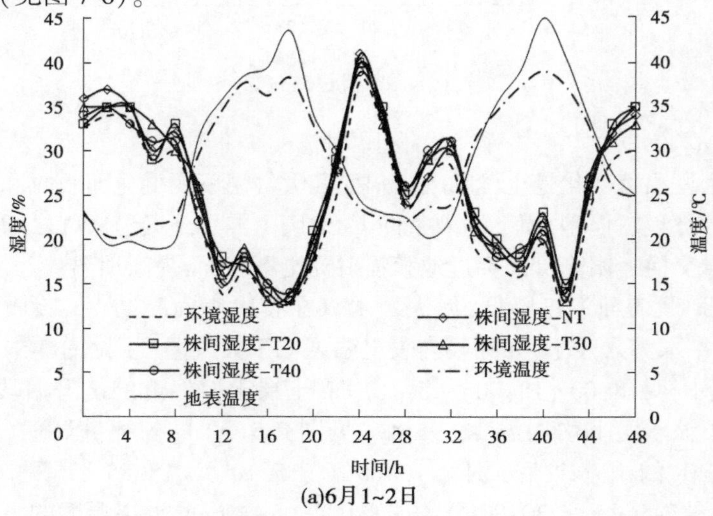

(a)6月1~2日

图 7-6 不同翻耕深度处理对棉花不同生育阶段冠层温度、湿度的影响

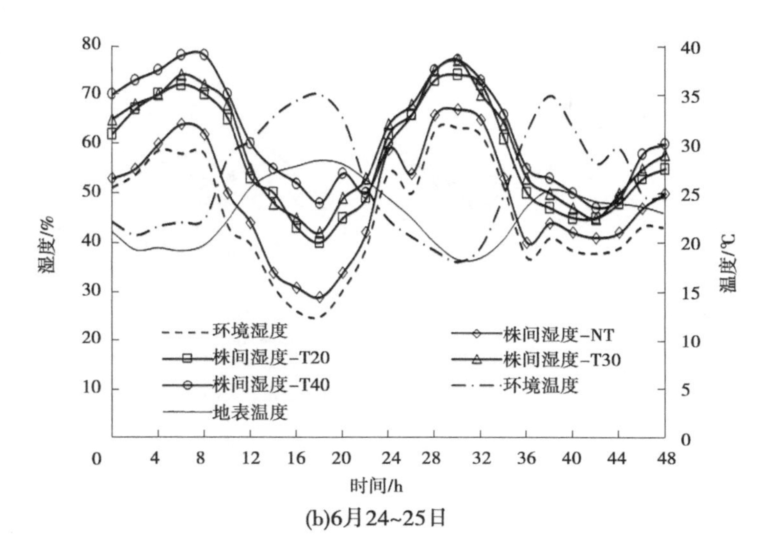

(b)6月24~25日

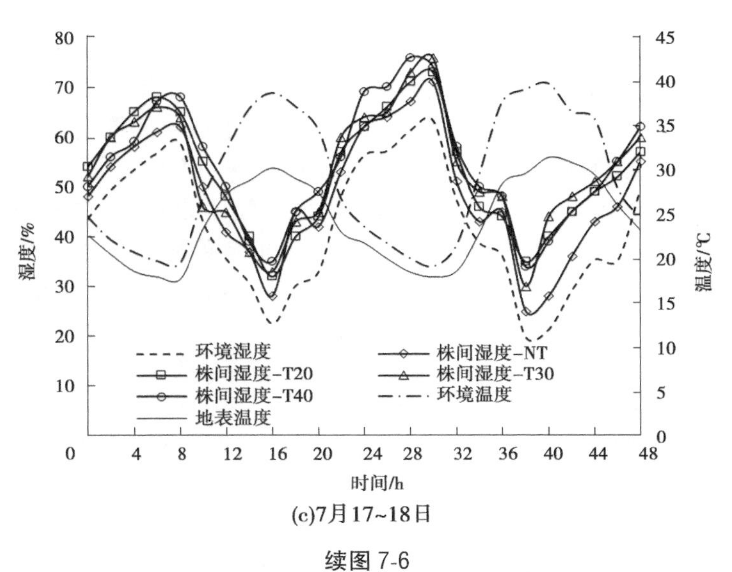

(c)7月17~18日

续图 7-6

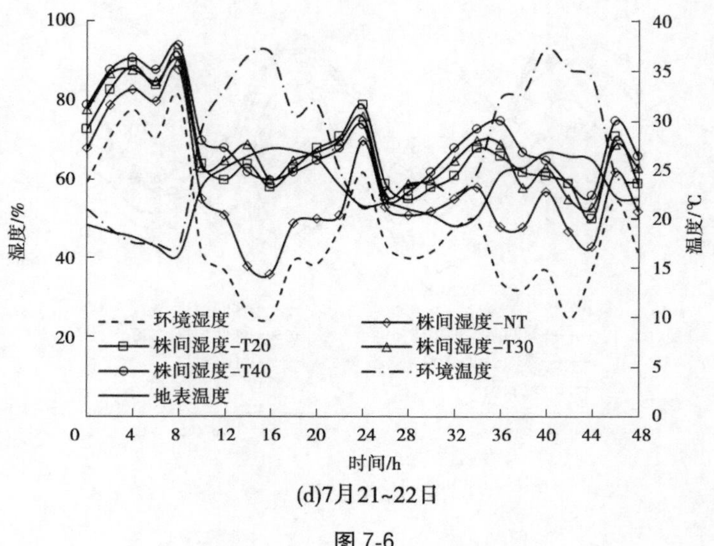

(d)7月21~22日

图 7-6

植株的阻力作用可降低冠层内风速，导致冠层内水汽扩散慢、湿度大[20]。棉花苗期，冠层小且根系浅，地膜表层可直接接收太阳辐射，48 h 内平均地表温度比环境温度高 0.77 ℃。由于冠层蒸腾量较低，农田土壤也没有进行灌水，所以，测得棉花苗期的株间近地表冠层湿度与冠层上部大气湿度差异不大，且不同翻耕深度处理的近地表冠层湿度差异性也不大[见图 7-6(a)]。观测期内，大气湿度为 23.83%，NT、T20、T30、T40 处理对应的近地表平均冠层湿度分别为 25.80%、26.08%、25.84%、25.76%。

进入灌水期后，棉花冠层覆盖面相对较大，阻碍了光线直接照射地表，降低了地表温度及近地表冠层的水汽扩散量；各翻耕深度处理的近地表冠层湿度均大于大气湿度。蕾期[见图 7-6(b)]，各处理(NT、T20、T30、T40)对应的日平均近地表冠层湿度分别比大气湿度高 3.68%、12.04%、13.96%、16.64%。花铃期，在灌水之前，由于土壤中的含水率相对较低，蒸发蒸腾量大为减少，各翻耕深度处理的近地表冠层湿度变化规律与大气湿度变化规律基本一致，各处理的平均近地表冠层湿度比大气湿度高 6.36%~12.12%。灌水之后[见图 7-6(d)]，

土壤水分得到有效补充，土壤贮存的水量能够充分保证作物的蒸发蒸腾，各处理的日平均近地表冠层湿度比大气湿度高 10.48%～23.40%；而且，随着翻耕深度的增加，膜内贮水量更大，供给蒸腾所需的水分也更为充足，导致冠层湿度较高。灌水后（07-21～07-22），各处理（NT、T20、T30、T40）的日平均近地表冠层湿度分别比大气湿度高 10.48%、20.60%、21.64%、23.40%；分别比灌水前（07-17～07-18）的相应数值高 4.13%、9.85%、10.61%、11.21%。全生育期内，各处理（T20、T30、T40）的平均近地表冠层湿度分别比 NT 处理高 12.83%、14.49%、17.55%。

7.3.5　翻耕深度对棉花生长状况及产量的影响

作物生长状况受种植品种、气象状况、翻耕深度、施肥状况等综合作用的影响[21-23]。在其他影响因素均相同的条件下，翻耕深度导致的土壤结构及温度、湿度变化对植株各生长阶段都有影响。对不同翻耕深度处理的膜下滴灌棉花各生育阶段进行统计，结果见表 7-2。

表 7-2　翻耕深度对物候的影响　　单位：d

处理	播种—出苗	出苗—现蕾	现蕾—开花	开花—盛花	盛花—盛铃	盛铃—吐絮	全生育期
NT	19±3 a	17±3 d	27±2 b	21±2 b	13±3 c	17±2 c	114±4 c
T20	17±2 b	18±2 b	30±3 b	25±2 a	15±2 c	19±3 c	124±5 bc
T30	13±3 c	24±2 ab	32±1 a	24±2 ab	17±3 b	20±2 b	130±6 b
T40	15±2 c	25±3 a	32±3 a	23±3 b	18±2 a	24±4 a	137±5 a

注：表中数据为平均值±标准差，同列数据后不同字母表示处理间差异达 5%显著水平。

翻耕处理较高的储热能力显著缩短了棉花播种—出苗阶段的时间，各翻耕处理（T20、T30、T40）的播种—出苗期分别比 NT 处理提前 2 d、6 d、4 d。出苗后，翻耕处理的各生育期进程明显减慢，出苗—现蕾期时间延长的最为明显，各处理（T20、T30、T40）分别比 NT 处理延长 1 d、7 d、8 d。盛铃—吐絮期也有所延长，分别比 NT 处理延长 2 d、3 d、

7 d。各翻耕处理(T20、T30、T40)的棉花全生育期分别比 NT 处理长 10 d、16 d、23 d。这与郭仁松等[2]通过对棉田土壤进行不同翻耕深度处理,得出深翻处理延长了棉花全生育期天数的结论一致。这一现象的产生不仅与土壤水汽上升速率及储水能力有关,也与棉花不同生育阶段的耗水能力有关。出苗—现蕾期为棉花的营养生长阶段,翻耕深度的增加会加速下层土壤水汽的上升速度来供给植株营养生长所需水量;浅耕处理由于未打破犁底层,水汽供给不足,导致生育阶段提前;进入灌水期后,翻耕深度的增加会提高膜内土壤的储水能力,但对于棉花而言,生长后期其耗水能力会有所降低[24],使得深翻处理下棉花的盛铃—吐絮阶段有所延长。

不同的翻耕处理所产生的土壤水热状况以及田间小气候状况不同,进而导致棉花的生长状态也出现差异。棉花的有效株占比、株高、果枝数以及籽棉产量等指标都随翻耕深度的增加呈增大趋势(见表 7-3)。

表 7-3　翻耕深度对棉花生长、产量和水分利用效率的影响

处理	有效株占比/%	株高/cm	茎粗/mm	果枝数/台	结铃数/个	衣分/%	籽棉产量/(kg/hm²)	水分利用效率/(kg/m³)
NT	60. 59 b	68. 12±7. 91 c	11. 17±0. 86 a	7. 00±1. 41 b	7. 00±1. 89 a	41. 57±0. 65 a	4 141. 55 c	0. 87 d
T20	86. 95 a	71. 63±4. 74 c	10. 70±0. 82 a	7. 23±1. 17 b	6. 30±1. 26 b	41. 80±1. 31 a	4 812. 23 c	1. 01 c
T30	89. 31 a	77. 09±2. 00 b	10. 87±1. 02 a	7. 43±1. 15 ab	6. 60±1. 38 b	42. 20±0. 22 a	5 394. 22 b	1. 14 b
T40	89. 64 a	82. 98±3. 17 a	10. 80±1. 01 a	7. 73±1. 00 a	7. 20±1. 01 a	42. 23±1. 02 a	5 725. 57 a	1. 21 a

注:表中数据为平均值±标准差,同列数据后不同字母表示处理间差异达 5%显著水平。

由于棉花苗期的耐旱和耐盐能力最弱[25],深翻措施可降低表土盐

分含量[1]、提高土壤温度，有利于棉花根系生长，所以，各翻耕处理（T20、T30、T40）的棉苗有效株占比分别比 NT 处理高 26.36、28.72、29.05 个百分点。

棉花株高随翻耕深度的增加而增高，T20、T30、T40 处理的棉花株高分别比 NT 处理高 3.51 cm、8.97 cm、14.86 cm。受株高影响，果枝数及结铃数也随翻耕深度的增加而增多。T20、T30、T40 处理的果枝数分别比 NT 处理多 0.23 台、0.43 台、0.73 台；T40 处理的结铃数分别比 T20、T30 处理多 0.9 个、0.6 个；NT 处理由于出苗率低，生长空间相对较大，导致结铃数处在中上水平。棉花产量性状提高，产量也随翻耕深度的增加而提高，T20、T30、T40 处理的籽棉产量分别比 NT 处理高 670.68 kg/hm^2、1 252.67 kg/hm^2、1 584.02 kg/hm^2；水分利用效率分别比 NT 处理高 16.09%、31.03%、39.08%。

7.4 讨　论

棉花生长过程中，根系从土壤中吸取水分，再通过叶片气孔蒸散到大气中去，形成土壤-植物-大气水分连续循环（SPAC）。土壤孔隙率增大不仅可以增加土壤蓄水能力，还可以提高土壤储存能量的能力[26]。宋家祥等[27]研究得出，土壤容重在 1.2~1.4 g/cm^3 时最适合棉花根系生长和充分发挥根系生产力。本章研究通过对不同翻耕深度处理下的棉花生长指标及不同生育阶段的土壤容重和孔隙率进行测定，发现随着翻耕深度的增加，土壤容重降低，相应的棉花冠层小气候指标和棉花产量等指标都向促进棉花增产的方向发展。

棉花作为喜温植物，土壤温度在整个棉花生育过程中起着重要作用。Kim 等[28]研究得出，土壤温度是影响土壤水分运动、植株生长的最主要原因之一，较高的土壤积温对作物产量的提高也有促进作用。Wang[29]通过 8 年的试验结果得出，土壤温度的提高可以降低水分的表面张力，有利于作物根系对土壤水分的吸收，促进作物生长。有研究表明，棉花根系生长最适宜的土壤温度为 25 ℃左右[30]，本章试验中观测到（见图 7-5），免耕处理的土壤日均温基本都在 25 ℃以下，而翻耕深度 40 cm 处理的土壤日均温在 25 ℃以上,因此深翻处理增大了棉花根系对土壤水分的吸收能力,使对应的棉花株高、果枝数及产量也都高于浅耕及免耕处理。

植物蒸腾的水分有相当部分由根系吸自较深土层,而裸地蒸发的水分主要来自于表土[31]。Stirzaker 等[32]研究发现,疏松的土壤结构能够使根系获取到更多的水;康绍忠等[33]研究认为蒸发蒸腾通量中大部分水汽都是由植株蒸腾来提供的。而膜下滴灌技术的最大特点是将大量水分聚集于膜内供植物吸收,深翻后又能够提高膜内耕层土壤含水率来供给植株蒸腾,提高了冠层空气与土壤间水汽传输,且较高的叶面覆盖率降低了棉花下部的水汽扩散速率,导致深翻条件下的棉花近地表冠层湿度较大。

刘晚苟等[34]从影响植株生长的水环境及容重角度出发进行研究,得出水分对植物生长的影响大于土壤容重产生的机械阻力对植株根系生长的影响的结论。而农田小气候主要通过水分含量进行调节,本研究结果表明,深翻处理下的植株根系向深层土壤中分布的量增多,增加了植株耗水,根据土壤-植物-大气连续体内的水量平衡原理[33],土壤中的水分由植物根系吸收扩散到大气中,耗水量的增加使农田冠层湿度随翻耕深度的增加而增大。新疆处于大陆性干旱地区,昼夜温差较大,南疆地区这种现象更加明显,且南疆大面积农田处于荒漠边缘地带,空气湿度常年较低,但这些地区都普遍采取膜下滴灌技术进行作物种植。那么,在农田灌水定额一致的条件下,翻耕深度的增大对调节农田小气候有促进作用,深翻处理的棉花产量明显高于免耕或浅翻处理(见表 7-3)。另外,翻耕深度的变化导致土壤热扩散率及热通量等方面呈现差异,翻耕深度的增加使得地积温升高,导致根系对离子吸附能力的影响更值得探究。

7.5 结　论

(1)翻耕深度的增大能够增强膜内耕层土壤的储热能力。苗期,T20、T30、T40 处理所对应的 0~20 cm 土层的日总积温量分别比 NT 处

理高 214.50 ℃、322.60 ℃、408.00 ℃。

（2）深翻能够增强膜内植株耗水，降低膜外土壤蒸发，棉株从膜内土壤中消耗的水分对冠层小气候的调控作用大于膜外土壤的水分蒸发对冠层小气候的调控作用。NT、T20、T30、T40 处理膜内位置的农田耗水量分别是膜外位置农田耗水量的 2.48 倍、2.52 倍、3.08 倍、3.47 倍；全生育期内，T20、T30、T40 处理的膜内、外农田总耗水量分别是 NT 处理的 1.30 倍、1.42 倍、1.52 倍。

（3）深翻导致农田耗水量的增加，使冠层湿度增大，对改善田间小气候、延长作物生长周期、提高棉花产量效果明显。全生育期内，各翻耕处理（T20、T30、T40）的近地表平均冠层湿度分别比 NT 处理高 12.83%、14.49%、17.55%；棉花全生育期分别比 NT 处理长 10 d、16 d、23 d；对应的籽棉产量分别比 NT 处理高 670.68 kg/hm^2、1 252.67 kg/hm^2、1 584.02 kg/hm^2。

参考文献

[1] 崔建平，田立文，郭仁松，等. 深翻耕作对新疆连作滴灌棉田的增产效果[J]. 中国棉花，2013，40(11)：25-28.

[2] 郭仁松，辛涛，崔建平，等. 翻耕深度对膜下滴灌棉花农艺性状及产量的影响研究[J]. 中国农学通报，2015，31(9)：147-150.

[3] 李润丰. 吹风和加湿对番茄生长及生理的影响[D]. 杨凌：西北农林科技大学，2018.

[4] 娄善伟，赵强，高云光，等. 密度对棉花冠层小气候影响及其与棉花相关生理特征和纤维品质的关系[J]. 棉花学报，2010，22(3)：260-266.

[5] 任锋潇，孙红春，张永江，等. 不同冠层结构对棉田小气候及蕾铃脱落和产量的影响[J]. 棉花学报，2016，28(4)：361-368.

[6] Borghei A M, Taghinejad J, Minaei S, et al. Effect of subsoiling on soil bulk density, penetration resistance, and cotton yield in Northwest of Iran[J]. International Journal of Agriculture and Biology, 2008, 10(1): 120-123.

[7] 樊贵盛，孔令超，韩永鸿. 土壤脱水过程中结构与含水率间的定量关系[J]. 灌溉排水学报，2012，31(5)：40-43.

[8] 王东，徐学欣，张洪波，等. 微喷带灌溉对小麦灌浆期冠层温湿度变化和粒

重的影响[J]. 作物学报,2015,41(10): 1564-1574.
[9] 代快,蔡典雄,张晓明,等. 不同耕作模式下旱作玉米氮磷肥产量效应及水分利用效率[J]. 农业工程学报,2011,27(2):74-82.
[10] 刘爽,张兴义. 不同耕作方式对黑土农田土壤水分及利用效率的影响[J]. 干旱地区农业研究,2012,30(1): 126-131.
[11] 翟振,李玉义,郭建军,等. 深耕对土壤物理性质及小麦-玉米产量的影响[J]. 农业工程学报, 2017,33(11):115-123.
[12] 王秋菊,刘峰,焦峰,等. 深耕对黑土水分特征及动态变化的影响[J]. 土壤通报,2018,49(4):943-948.
[13] 张凯,刘战东,强小嫚,等. 深松处理对豫北农田土壤水分与作物耗水的影响[J]. 农业机械学报,2019,50(10): 251-258.
[14] Li H X, Mollier A, Ziadi N, et al. The long-term effects of tillage practice and phosphorus fertilization on the distribution and morphology of corn root[J]. Plant and Soil, 2017,412(1-2):97-114.
[15] 王树森,邓根云. 地膜覆盖增温机制研究[J]. 中国农业科学,1991,24(3): 74-78.
[16] 姬祥祥,徐芳,刘美含,等. 土壤水基质势膜下滴灌春玉米生长和耗水特性研究[J]. 农业机械学报, 2018,49(11): 230-239.
[17] 卢奕丽,张猛,刘晓娜,等. 含水量和容重对旱地耕层土壤热导率的影响及预测[J]. 农业工程学报,2018,34(18): 146-151.
[18] Tan F, Zhou W, Yuen K. Modeling the soil water retention properties of same-textured soils with different initial void ratios[J]. Journal of Hydrology, 2016(542):731-743.
[19] 李明思,王菊红,陈明珠,等. 膜下滴灌条件下膜下凝结水对滴灌带的影响分析[J]. 节水灌溉,2008(9):1-3.
[20] 赵元杰,张鹤年,吾尔尼沙汗. 新疆策勒"双株双层"栽培棉田小气候特征[J]. 干旱区研究, 2002,19(4):38-41.
[21] 谢迎新,靳海洋,孟庆阳,等. 深耕改善砂姜黑土理化性状 提高小麦产量[J]. 农业工程学报, 2015,31(10):167-173.
[22] 唐淑荣,魏守军,郭瑞林,等. 不同熟性棉花品种纤维品质特征分析与评价[J]. 中国生态农业学报,2019,27(10):1564-1577.
[23] 王远远,乔露,陈宗奎,等. 土壤深层水和施肥深度对棉花生长发育及水分利用效率的影响[J]. 西北农业学报, 2018,27(6):812-818.

[24] 崔静，王振伟，荆瑞，等．膜下滴灌棉田土壤水盐动态变化[J]．干旱地区农业研究，2013,31(4):50-53.

[25] 王春霞，王全九，刘建军，等．灌水矿化度及土壤含盐量对南疆棉花出苗率的影响[J]．农业工程学报,2010,26(9):28-33.

[26] 郭李娜，樊贵盛．旱作农田土壤表层容重年内变化特性的试验研究[J]．节水灌溉,2018(1):19-23.

[27] 宋家祥，庄恒扬，陈后庆，等．不同土壤紧实度对棉花根系生长的影响[J]．作物学报,1997,23(6):719-726.

[28] Kim S H, Gitz D C, Sicher R C, et al. Temperature dependence of growth, development, and photosynthesis in maize under elevated CO_2 [J]. Environmental and experimental Botany,2007(61):224-236.

[29] Wang T Y. Crop forecasts without weather predictions[J]. Crops and Soils, 1962,14(9):7-9.

[30] 蒋高明．植物生理生态学[M]．北京:高等教育出版社,2007.

[31] 翁笃鸣，陈万隆，沈觉成，等．小气候和农田小气候[M]．北京：农业出版社，1981.

[32] Stirzaker R J, Passioura J B. The water relation of root-soil interface[J]. Plant, Cell and Environment, 1996(19):201-208.

[33] 康绍忠，刘晓明，熊运章．土壤-植物-大气连续体水分传输理论及其应用[M]．北京：水利电力出版社,1994.

[34] 刘晚苟，山仑，邓西平．不同土壤水分条件下土壤容重对玉米根系生长的影响[J]．西北植物学报，2002,22(4):831-838.

第8章

暗管排水与微咸水互作对土壤盐分淋洗的置换效果分析

暗管排水技术被认为是改良盐碱地的根本措施,具有压盐和控制地下水位的双重功效,且比传统的明沟排水措施节水、节地。而淡水冲洗结合暗管排水、排盐是最为直接、有效、快捷且应用最广泛的排盐方法之一,在世界各地的盐碱地治理、改良过程中发挥了极其重要的作用[1]。然而,盐分淋洗需要大量的淡水,对于干旱地区来说,无疑加重了水资源的进一步短缺。干旱地区往往存在数量可观的微咸水,目前对其开发利用并不够。前人研究表明了[2-3]在一定的条件下,微咸水不仅具有淋洗土壤盐分的效果,还不会对根区土壤盐分和作物生长产生影响;但也有研究指出与淡水灌溉改良盐碱地相比,长期采用微咸水进行灌溉可能会增加土壤盐渍化风险[4]。因此,在干旱地区合理利用微咸水作为灌溉水源的安全问题上,仍然存在着较大争议。基于此,本章根据2019年开展的暗管排水条件下微咸水对土壤盐分淋洗效果的室内土柱试验,分析不同条件下暗管排水排盐量、土壤脱盐率和渗流速度的变化规律,最终明确微咸水灌水量、微咸水矿化度、置换层厚度(暗管埋深)等指标之间的相关关系;揭示在一维方向上微咸水淋洗土壤盐分的内在关系和置换效果,并确定暗管排水区域内土壤盐分的微咸水灌水量。

8.1 暗管排水与微咸水互作对暗管排水量、排盐量的影响

试验过程中发现,暗管排水量受微咸水矿化度的影响较小,主要影

响因素为暗管埋深和灌水量。*D*0. 6*M*5*Q*17（*D* 为暗管埋深，0. 6 m、0. 8 m 和 1 m；*M* 为微咸水矿化度，2. 3 g/L 和 5 g/L；*Q* 为土柱灌水总量，10 L、13. 5 L 和 17 L，下同）处理的暗管埋深（溶质置换层厚度）0. 6 m，灌水量为 0. 541 m，考虑到土壤的初始含水率和孔隙率，则灌水量显著大于溶质置换层的蓄水能力，其暗管排水量明显高于其他处理，使得溶质置换层中的盐分被淋洗出来，导致其暗管排水量随时间的变化异于其他处理，在开始排水后 25 h 的暗管排水量明显高于其他处理。而其他处理的暗管排水量随时间的变化规律相一致，均随时间的变化呈单峰抛物线型分布，并在暗管开始排水后 11 ~13 h 出现峰值。而 *D*0. 8*M*5*Q*10、*D*1. 0*M*3*Q*10 和 *D*1. 0*M*5*Q*13. 5 处理的溶质置换层厚度（0. 8 ~1. 0 m）比灌水水层厚度（0. 318 ~0. 541 m）大 1 倍，微咸水能够蓄存在土层中，导致暗管未排水，则微咸水所挟带的盐分也积累在土层中，使得土层积盐。

但是不同处理间的暗管排水量存在明显差异，在同一暗管埋深条件下，暗管排水量随着灌水量的增大而增大，*D*0. 6*M*5*Q*17 处理的暗管排水量比 *D*0. 6*M*2*Q*10 和 *D*0. 6*M*3*Q*13. 5 处理的暗管排水量分别高了 2. 81 L 和 1. 55 L；*D*0. 8*M*3*Q*17 处理的暗管排水量则比 *D*0. 8*M*2*Q*13. 5 处理高了 1. 24 L。而在同一灌水量条件下，暗管排水量则随着暗管埋深的增加而减少，*D*0. 6*M*5*Q*17 处理的暗管排水量分别比 *D*0. 8*M*3*Q*17 和 *D*1. 0*M*2*Q*17 处理高了 2. 53 L 和 5. 3 L；*D*0. 6*M*3*Q*13. 5 处理的暗管排水量比 *D*0. 8*M*2*Q*13. 5 处理高了 1 323 mL。

暗管排盐量的变化趋势与排水量的变化趋势基本一致（见图 8-1），排盐量随时间的变化在开始排水后的 10 ~13 h 内出现峰值，但是不同处理间的排盐量同样存在差异。不同处理间暗管排盐量还会受到微咸水矿化度的影响，在暗管出水的处理中，当暗管埋深一致时，排盐量随着灌水量和微咸水矿化度的增加而增大，*D*0. 6*M*5*Q*17 处理暗管排盐量分别比 *D*0. 6*M*2*Q*10 和 *D*0. 6*M*3*Q*13. 5 处理高了 139. 2 g 和 77. 9 g；*D*0. 8*M*3*Q*17 处理暗管排盐量比 *D*0. 8*M*2*Q*13. 5 处理高了 75. 7

g。而在灌水量一致的情况下,暗管排盐量随着暗管埋深和矿化度的增加而减小,*D*0.6*M*5*Q*17 处理暗管排盐量分别比 *D*0.8*M*3*Q*17 和 *D*1.0*M*2*Q*17 处理高了 19.7 g 和 37.0 g,*D*0.6*M*3*Q*13.5 处理暗管排盐量则比 *D*0.8*M*2*Q*13.5 处理高了 21.8 g。暗管排水浓度随时间的变化规律与暗管排水排盐基本一致,均随着排水时间呈现出先增大再减小的变化趋势,排水浓度峰值基本出现在开始排水后 7 ~13 h(见图 8-2)。

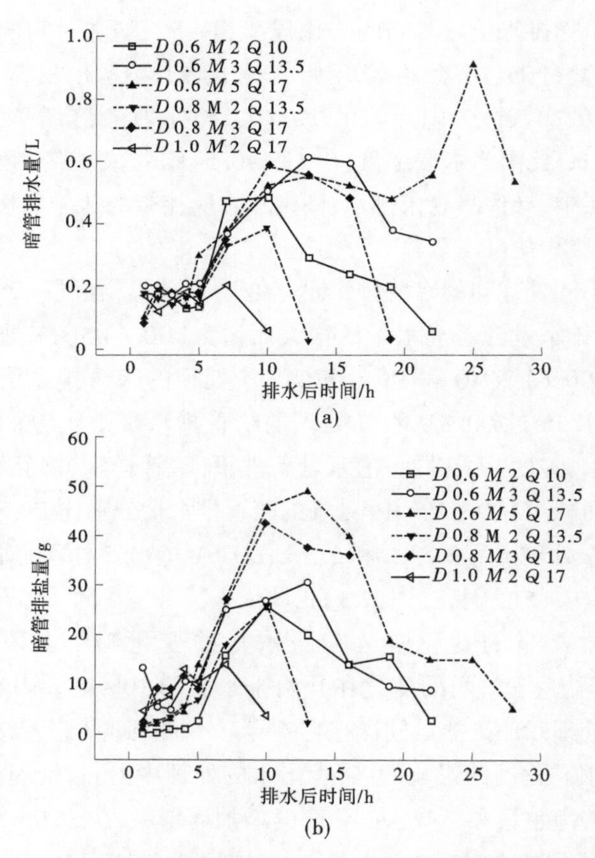

图 8-1 不同处理暗管排水量、排盐量随时间变化

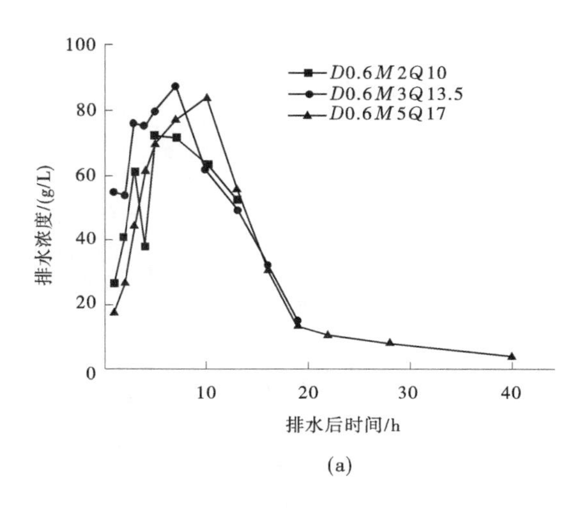

(a)

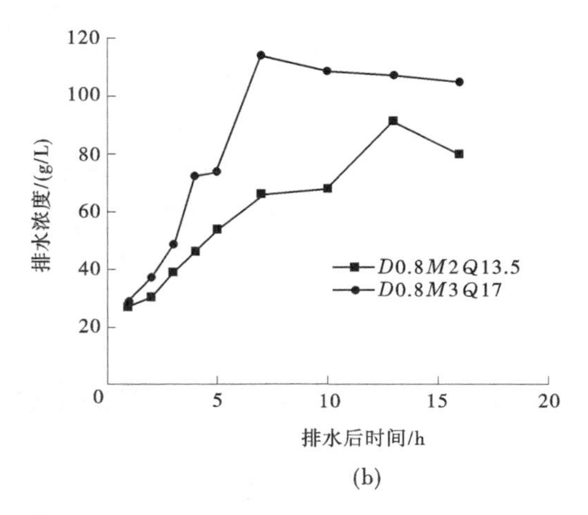

(b)

图 8-2　不同处理暗管排水浓度随时间的变化规律

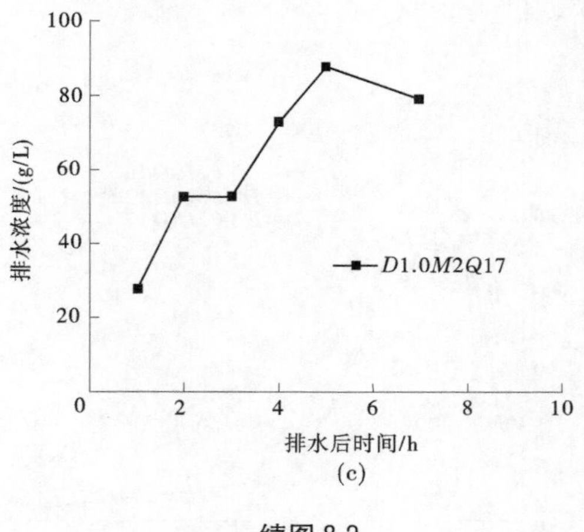

续图 8-2

本章试验结果还表明,在灌水量一定的情况下,暗管排水量、排盐量随暗管排水深度的增加而减小,*D*0.6*M*5*Q*17 处理暗管排水量和排盐量分别比 *D*0.8*M*3*Q*17 和 *D*1.0*M*2*Q*17 处理高了 2.53 L、53.8 g 和 4.3 L、178.6 g;*D*0.6*M*3*Q*13.5 处理暗管排水量、排盐量比 *D*0.8*M*2*Q*13.5 处理高了 2.22 L 和 94.5 g。而在同等暗管埋深条件下,暗管排水量、排盐量则随着灌水量的增大而增大,*D*0.6*M*5*Q*17 处理暗管排水量、排盐量分别比 *D*0.6*M*2*Q*10 和 *D*0.6*M*3*Q*13.5 处理高了 2.81 L、139.2 g 和 1.55 L、77.9 g,*D*0.8*M*3*Q*17 处理暗管排水量、排盐量则比 *D*0.8*M*2*Q*13.5 处理高了 1.24 L 和 118.6 g。

8.2 暗管排水与微咸水互作对渗流速度的影响

溶质的对流运移是实现淋洗的关键因素,而渗流速度决定了水分对溶质的动力挟带能力,影响着土壤脱盐效率。试验结果显示,渗流速度的变化规律与暗管排水量的变化规律基本一致,主要受到暗管埋深和灌水量的影响,如表 8-1 所示。在同等灌水量条件下,渗流速度随暗

表 8-1　试验结果

处理	暗管排水量/L	暗管排盐量/g	土壤脱盐率(0~60 cm)/%	土壤脱盐率/%	渗流速度/(cm/h)	排灌比
D0.6M2Q10(T_1)	2.51	99.6	84.4	84.4	0.36	0.25
D0.6M3Q13.5(T_2)	3.77	160.9	91.7	91.7	0.55	0.28
D0.6M5Q17(T_3)	5.32	238.8	91.9	91.9	0.61	0.31
D0.8M2Q13.5(T_4)	1.55	66.4	82.7	82.2	0.38	0.11
D0.8M3Q17(T_5)	2.79	185	87.2	86.6	0.47	0.16
D0.8M5Q10(T_6)	—	—	76.6	67.7	—	—
D1.0M2Q17(T_7)	1.02	60.2	87.0	78.6	0.33	0.06
D1.0M3Q10(T_8)	—	—	83.0	-14.5	—	—
D1.0M5Q13.5(T_9)	—	—	81.1	59.8	—	—

管埋深的增加而减小;而在同等暗管埋深条件下,渗流速度则随着灌水量的增大而增大,说明渗透速度的增大使得水分对盐分的动力挟带能力增大,增大了对盐分的淋洗效率。

由 Darcy 定律可知,暗管埋深增大,使得溶质置换层增大,渗流路径增大,则渗流通量(流速)增加。*D*0.6*M*5*Q*17 处理的渗流速度分别比 *D*0.8*M*3*Q*17 和 *D*1.0*M*2*Q*17 处理的高了 0.14 cm/h 和 0.28 cm/h;*D*0.6*M*3*Q*13.5 处理的渗流速度比 *D*0.8*M*2*Q*13.5 处理的高了 51.9 cm/h。另外,由 Green-Ampt 方程可知,灌水量增大,水分在下渗过程中易形成活塞流,使得土壤湿润区接近饱和,导水率增大,而且土水势中出现压力势,水势梯度也增大,所以,渗透速度增加。*D*0.6*M*5*Q*17 处理的渗流速度别比 *D*0.6*M*2*Q*10 和 *D*0.6*M*3*Q*13.5 处理的高了 75.8 mL/h 和 18.6 cm/h;*D*0.8*M*3*Q*17 处理的渗流速度则比 *D*0.8*M*2*Q*13.5 处理的高了 27.7 cm/h。

8.3 暗管排水下微咸水土壤盐分置换效果分析

在有暗管排水的条件下,暗管以上土层可看作溶质置换区域,灌入的微咸水通过渗透作用将土壤中的盐分淋洗到排水暗管中排走,而土壤中只留下微咸水所挟带的盐分,形成置换效果,本章对微咸水带入暗管水盐置换区的盐分和暗管排盐量进行水盐平衡分析,如图 8-3 和表 8-1 所示。处理 *D*0. 6*M*2*Q*10、*D*0. 8*M*3*Q*17、*D*1. 0*M*2*Q*17 的暗管排盐量均大于其微咸水带入土壤的盐分,置换盐分范围介于 26. 2~153. 8 g。其中,暗管埋深为 1. 0 m 处理(*D*1. 0*M*3*Q*10 和 *D*1. 0*M*5*Q*13. 5)的盐分置换区厚度较大,设计灌水量无法充分满足其蓄水能力,暗管无排水或者排水量较小,导致其盐分置换量较小。盐分置换量还随着微咸水矿化度的增加而减小,*D*1. 0*M*2*Q*17 处理置换盐分量分别比 *D*1. 0*M*3*Q*10 和 *D*1. 0*M*5*Q*13. 5 高了 56. 2 g 和 93. 7 g。试验中还发现,盐分置换量与渗流速度之间呈线性关系,如图 8-4 所示。主要是因为溶质置换区的厚度和灌水量决定了渗流速度和盐分置换量,随着渗流速度的增加,微咸水的对盐分的动力挟带能力就增大,产生的溶质对流运移通量也越大。

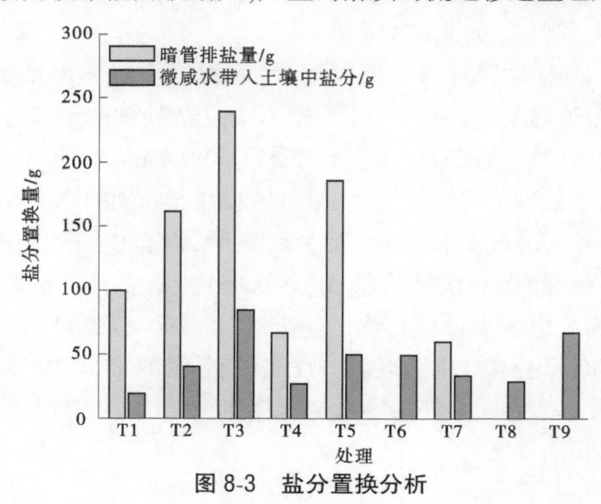

图 8-3　盐分置换分析

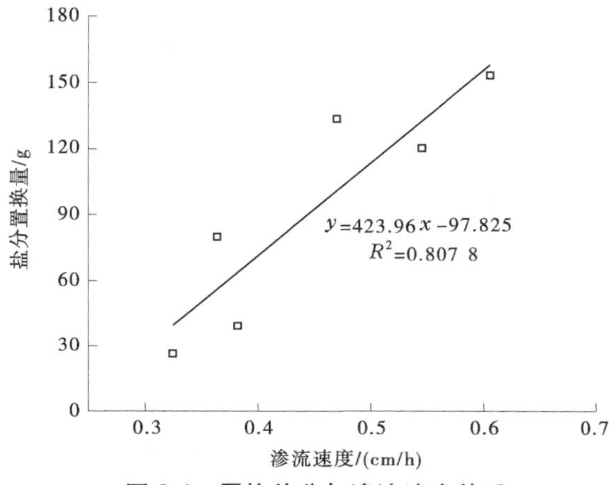

图 8-4　置换盐分与渗流速度关系

8.4　暗管排水与微咸水互作对土壤脱盐率的影响

对不同灌排组合处理微咸水淋洗后土壤盐分分布进行分析，*D*0.6*M*2*Q*10、*D*0.6*M*3*Q*13.5、*D*0.6*M*5*Q*17、*D*0.8*M*2*Q*13.5 和 *D*0.8*M*3*Q*17 处理土壤盐分淋洗效果较好，暗管排水区域内土壤含盐量均被淋洗到 3 g/kg 以下，暗管排水区域内土壤脱盐率达到了 82.2%～91.9%(见表8-1)，虽然 *D*0.8*M*5*Q*10、*D*1.0*M*3*Q*10 和 *D*1.0*M*5*Q*13.5 处理根区土壤(0～60 cm)脱盐明显，但是由于暗管未出现排水，根区土壤盐分被淋洗到 60～100 cm 土壤中，*D*1.0*M*3*Q*10 处理的积盐现象最明显，土壤脱盐率为-14.5%。试验中发现，在同等淋洗水量条件下，土壤脱盐率随着暗管埋深的增加而减小，*D*0.6*M*5*Q*17 处理土壤脱盐率分别比 *D*0.8*M*3*Q*17 和 *D*1.0*M*2*Q*17 处理高了 5.3 个百分点和 13.3 个百分点，*D*0.6*M*3*Q*13.5 处理土壤脱盐率则比 *D*0.8*M*2*Q*13.5 处理高了 9.5 个百分点。而在暗管埋深一致的情况下，土壤脱盐率随着淋洗水量增加而增大，*D*0.6*M*5*Q*17 处理土壤脱盐率与 *D*0.6*M*3*Q*13.5 处理无明显差异，分别比 *D*0.6*M*2*Q*10 处理高了 7.5 个百分点和 7.3 个百分点，$D0.8M3Q17$ 处理土壤脱盐率则比 $D0.8M2Q13.5$ 处理高了 4.4 个百分点（见图 8-5）。

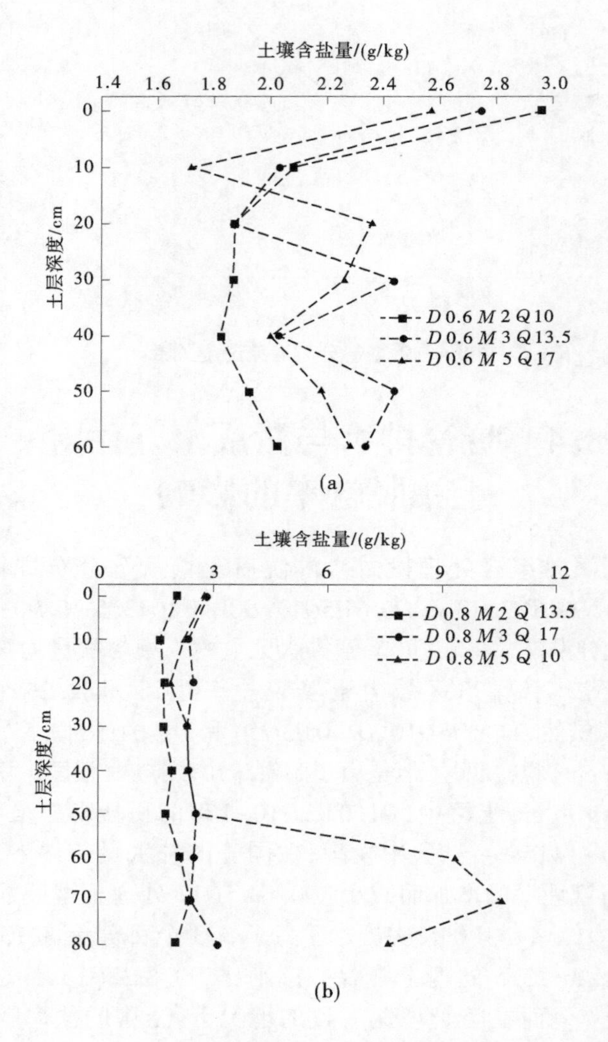

图 8-5　不同处理土壤含盐量变化

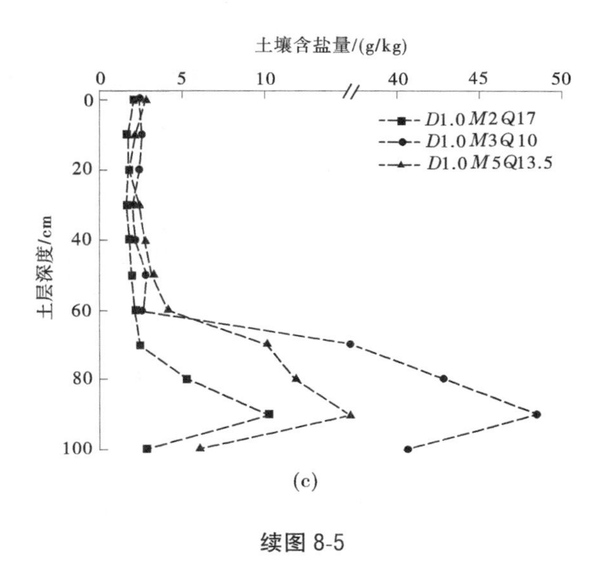

续图 8-5

8.5 试验结果影响因素分析

通过对各项指标试验值进行极差分析,结果如表 8-2 所示,各试验指标对暗管排水总量、排盐总量和暗管排水区域内土壤脱盐率的影响顺序均为:暗管埋深(*D*)>微咸水淋洗水量(*Q*)>微咸水矿化度(*M*),暗管排水条件下的微咸水土壤盐分淋洗方案分别为:*D*1*M*2*Q*3[见图 8-6(a)、图 8-6(b)]和 *D*1*M*1*Q*3[见图 8-6(c)]。根据试验参数与测试指标方差分析结果可知(见表 8-3),暗管埋深和微咸水淋洗水量对暗管排水总量、排盐总量影响显著,对暗管排水区域内土壤脱盐率影响不显著;而微咸水矿化度对各项指标影响均不明显。采用经济和水资源高效利用等指标综合平衡的思想,由暗管排水总量、排盐总量方差分析可知最佳组合为 *D*1*M*3*Q*3,由暗管排水区域内土壤脱盐率方差分析可知最佳组合为 *D*3*M*3*Q*1。根据灰色漂移理论,发现试验结果得到的最优组合存在可调整空间。因此, 以实测获得土壤物理参数作为模拟初始

表 8-2 极差分析

因素	指标	排水总量/L	排盐总量/g	土壤脱盐率/%
暗管埋深/cm	K_1	11.6	499.3	268.0
	K_2	4.4	251.3	236.5
	K_3	1.0	60.0	123.9
	k_1	3.9	166.4	89.3
	k_2	1.5	83.8	78.8
	k_3	0.3	20.0	41.3
	范围	3.5	146.4	48.0
矿化度/(g/L)	K_1	5.1	226.0	245.2
	K_2	6.6	345.9	163.8
	K_3	5.3	238.8	219.4
	k_1	1.7	75.3	81.7
	k_2	2.2	115.3	54.6
	k_3	1.8	79.6	73.1
	范围	0.5	40.0	27.1
灌水量/L	K_1	5.3	227.3	233.7
	K_2	2.5	99.6	137.6
	K_3	9.1	483.7	257.1
	k_1	1.8	75.8	77.9
	k_2	0.8	33.2	45.9
	k_3	3.0	161.2	85.7
	范围	2.2	128.0	39.8

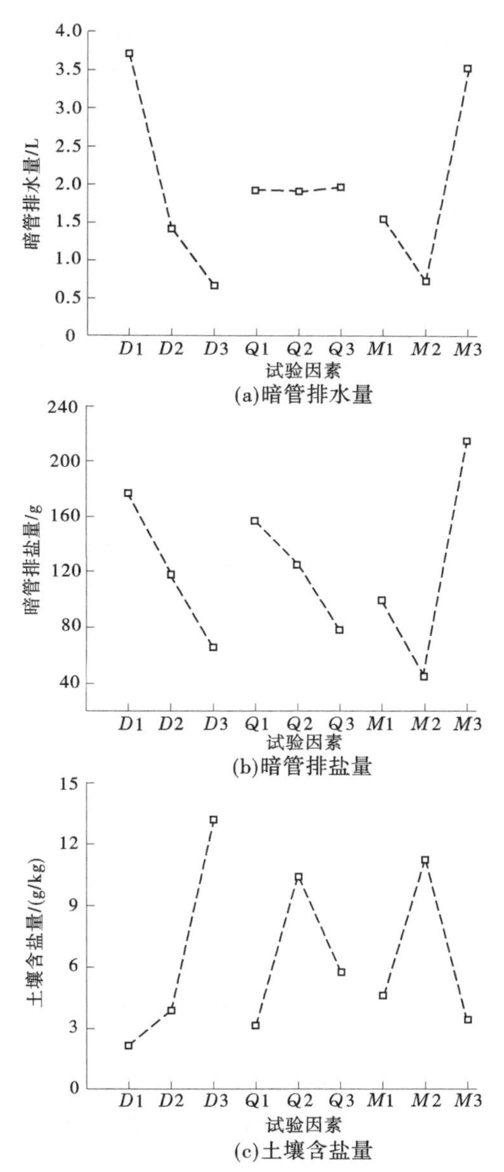

图 8-6　各试验指标对排盐指标的影响

条件，应用 HYDRUS-1D 软件模拟微咸水淋洗压盐条件下暗管排水区域内的土壤盐分运移规律，并以棉花耐盐临界值（5.8 g/kg）和土壤盐分淋洗效率为评价标准，分析暗管排水条件下微咸水作为盐分淋洗水源的灌溉制度，从而为盐碱地棉田改良提供科学依据。

表 8-3　方差分析

因素	变量	离差平方	自由度	均方	F 值	临界值	显著性
排水量/L	D	19.5	2	9.8	24.9	$F_{0.05}(2,2)=19$ $F_{0.10}(2,2)=9$	* *
	Q	7.4	2	3.7	9.4		*
	M	0.4	2	0.2	0.5		
	误差	93.75	2	46.9			
	合计	121.1	8				
排盐量/g	D	32 345	2	16 172	25.2		* *
	Q	25 510	2	12 755	19.9		* *
	M	2 889	2	1 444	2.2		
	误差	93.75	2	46.9			
	合计	60 838.3	8				
土壤脱盐率/%	D	3 826	2.0	1 913	3.62		
	Q	1 405	2.0	702	1.33		
	M	2 617	2.0	1 309	2.48		
	误差	93.75	2.0	46.9			
	合计	7 943.2	8.0				

注：“ * ”表示在 $p\leq0.05$ 水平上显著，“ * * ”表示在 $p\leq0.01$ 水平上显著。

8.6　土壤脱盐率模型建立

本章应用 HYDRUS-1D 软件模拟暗管排水条件下，微咸水对土壤

盐分淋洗的水盐置换过程和效果。模拟中不考虑灌水对土壤结构的影响。模拟中的初始条件为实测的土壤物理参数。土壤初始含水率设为 24%(质量含水率),土壤初始含盐量设为 14.3 g/kg。暗管排水下微咸水淋洗盐条件下水盐置换区内的土壤盐分运移规律,通过土壤水盐平衡关系分析,土壤水力特征参数如表 8-4 所示。

表 8-4　供试土壤 Van Genuchten 模型参数

参数	θ_r/ (cm³/cm³)	θ_s/ (cm³/ cm³)	K_s/ (cm/d)	α/ cm	n	l
率定后修正值	0.028	0.45	0.85	0.036	1.56	0.5

注:θ_r 为残余含水率;θ_s 为饱和含水率;K_s 为饱和渗透系数;α、n、l 为经验系数,l 常取 0.5。

根据试验设计构建数值模型。将土柱简化为一维模型进行计算,上边界设置为变水头/流量边界,变水头分为两个阶段:第一阶段为水头边界,水深为 10 cm,并根据入渗总水量控制入渗时长;第二阶段为流量边界,入渗流量为 0,入渗时长为总时长(45 h)与第一阶段时长的差值。模型下边界条件设置为自由排水边界,模拟时间共计 45 h,采用变时间步长剖分方式,根据收敛迭代次数调整时间步长,土壤含水量容许偏差为 0.01,压力水头容许偏差为 5。

根据 T1 处理(D=60 cm、M=2 g/L、Q=10 L)的试验过程进行模型参数率定[见图 8-7(a)],并利用 T2 处理(D=60 cm、M=3 g/L、Q=13.5 L)的试验结果进行可靠性验证分析[见图 8-7(b)],模拟值和观测值的吻合程度分别采用均方误差 RMSE[见式(8-1)]和相关系数 R^2 进行评价,暗管累积排水量模拟值和观测值的均方误差 RMSE 分别为 0.198 L 和 0.409 L,相关系数 R^2 分别为 0.99 和 0.98,试验结果显示两者之间具有较好的一致性。

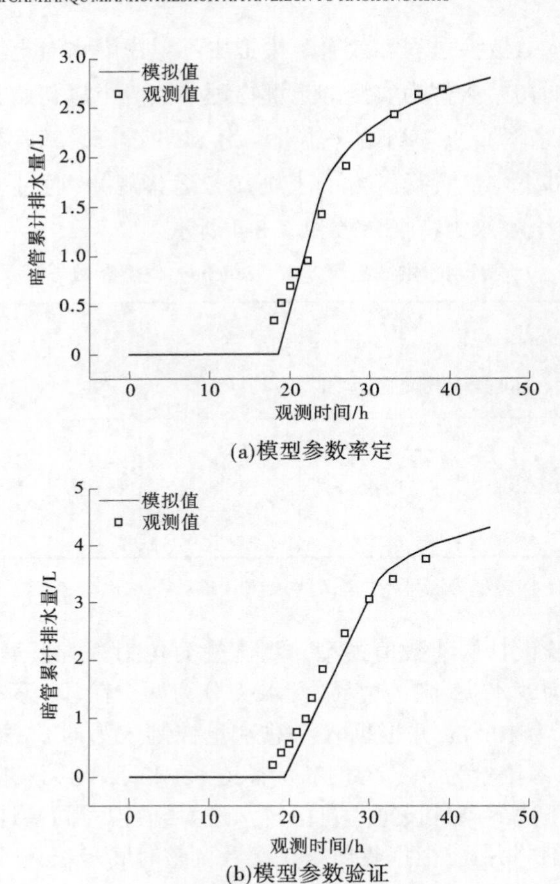

图 8-7 暗管累计排水量随时间变化

$$\mathrm{RMSE} = \sqrt{\frac{1}{N}\sum_{i=1}^{N}(S_i - M_i)^2} \tag{8-1}$$

式中 S_i、M_i——模拟值和观测值;

N——数值比较值,无量纲。

8.7　模型应用

根据试验分析结果可知,暗管埋深、灌水量是影响暗管排水区域土壤盐分淋洗的关键因素,而微咸水矿化度仅对置换盐分效果产生影响,因此,本模型设置暗管埋深分别为 1.4 m、1.6 m 和 1.8 m,灌水量分别为 8 L、9 L、10 L、11 L、12 L 和 13 L,对微咸水(2 g/L、3 g/L、4 g/L 和 5 g/L)淋洗压盐条件下暗管排水排盐、渗流速度和盐分置换效果进行模拟分析,模拟情景共计 72 组。土壤初始含水率设为 24%(质量含水率),土壤初始含盐量设为 14.3 g/kg,土壤水力特征参数如表 8-4 所示。

模拟结果表明,微咸水矿化度对暗管排水量、排盐量和渗流速度均无影响,但不同暗管埋深和灌水量条件下暗管排水量、排盐量和渗流速度差异明显,如图 8-8 所示。在同等暗管埋深条件下,暗管排水量、排盐量和渗流速度均随着灌水量的增加而增大;而在同等灌水量条件下,暗管排水量、排盐量和渗流速度随着暗管水盐置换区的增加而减小。本章对微咸水带入土体的盐分和暗管排盐量进行对比分析,如图 8-9 所示,试验结果表明盐分置换量随着灌水量的增加而增加,随着暗管埋深和微咸水矿化度的增加而减少。主要是因为在同一暗管埋深条件下,随着灌水量的增加,土壤中的可溶性盐溶解更充分,水盐运移以对流运移为主,微咸水运移过程中渗流速度及其盐分的动力挟带能力就越大,暗管排水量、排盐量大,暗管排盐量均大于微咸水带入水盐置换区的盐分;而灌水量相同时,蓄水能力随暗管埋深的增加而增大,暗管排水量、排盐量及其盐分置换量就越小,容易造成水盐置换区积盐。

为了避免土壤积盐,提高微咸水利用效率,暗管排水条件下微咸水灌溉制度的确定应考虑盐分置换效果,如图 8-10 所示。盐分置换量与灌水量呈线性相关关系,当暗管埋深分别为 140 cm 和 160 cm、微咸水灌水量分别为 3 007.5 m^3/hm^2 和 3 660 m^3/hm^2 时,暗管排盐量均大于微咸水(2 g/L、3 g/L、4 g/L 和 5 g/L)带入水盐置换区的盐分,可避免

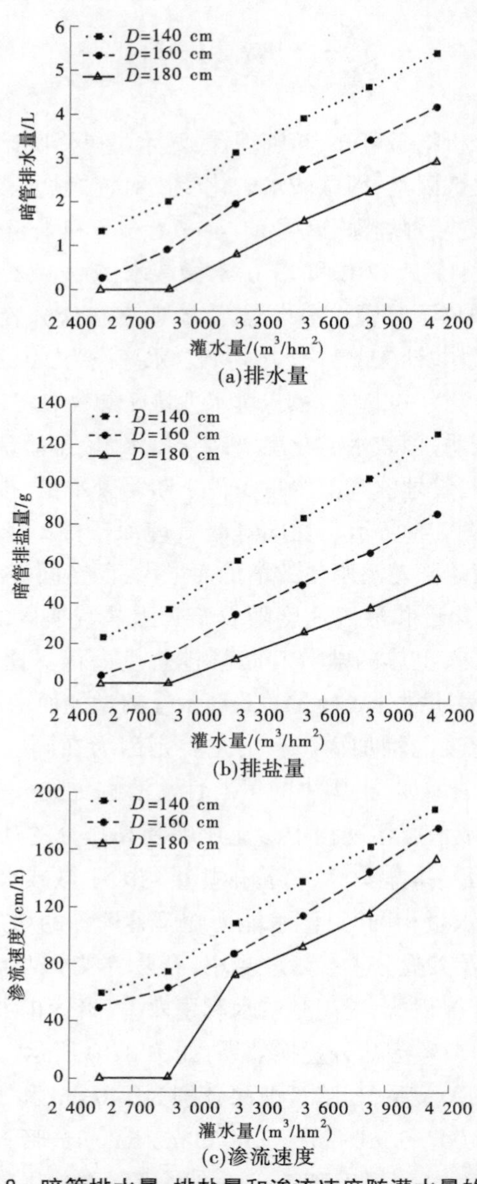

图 8-8　暗管排水量、排盐量和渗流速度随灌水量的变化

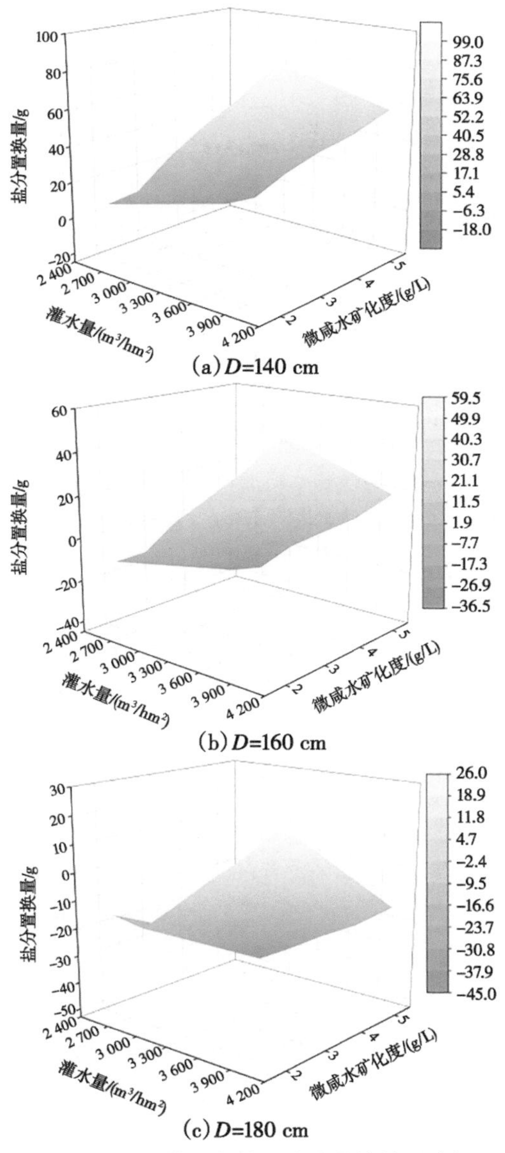

(a) D=140 cm

(b) D=160 cm

(c) D=180 cm

图 8-9　不同模拟条件下盐分置换效果分析

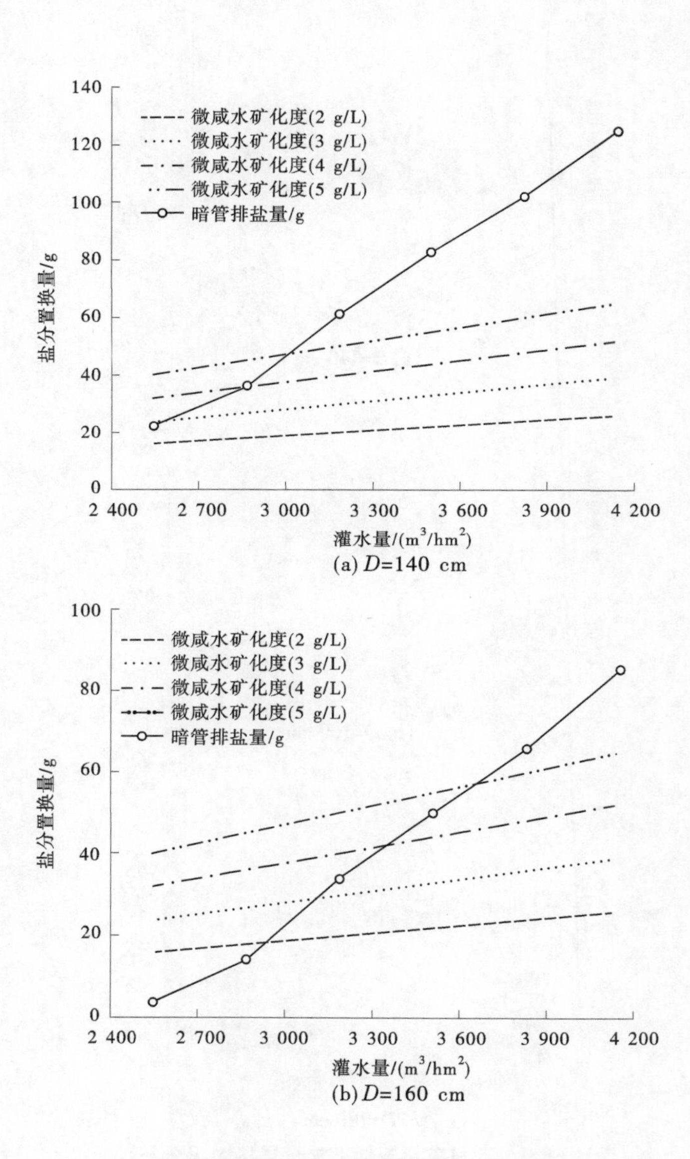

(a) D=140 cm

(b) D=160 cm

图 8-10　盐分置换效果模拟分析

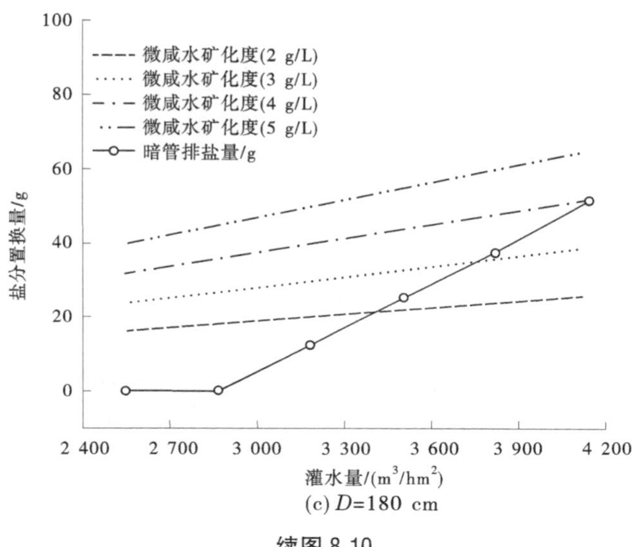

(c) D=180 cm

续图 8-10

水盐置换区积盐；而当暗管埋深为 180 cm 时，水盐置换区的土壤蓄水能力随之增大，盐分置换效率逐渐降低，灌水量小于 3 660 m^3/hm^2 和矿化度大于 4 g/L 的微咸水均不宜作为淋洗水源；仅当微咸水灌水量分别大于 3 660 m^3/hm^2 和 3 765 m^3/hm^2，可采用矿化度为 2 g/L 和 3 g/L 的微咸水进行盐分淋洗。

水盐调控的核心是为作物生长服务，而土壤盐分淋洗的目的就是为作物种子萌发和出苗创造适宜的根区水盐环境，微咸水灌溉制度还应考虑干旱区作物的耐盐临界值。本章以新疆干旱区棉花耐盐临界值为参考值(5.8 g/kg)，将不同处理淋洗后土壤(0～60 cm)含盐量与作物耐盐临界值进行对比分析。如图 8-11 可知，当暗管埋深分别为 140 cm 和 160 cm、微咸水灌水量分别为 3 180 m^3/hm^2 和 3 990 m^3/hm^2 时，土壤含盐量达到棉花耐盐临界值，可满足棉花生长要求。而当暗管埋深为 180 cm 时，在试验设计灌水量和微咸水矿化度范围内，均不能将土壤盐分淋洗至棉花耐盐临界值。

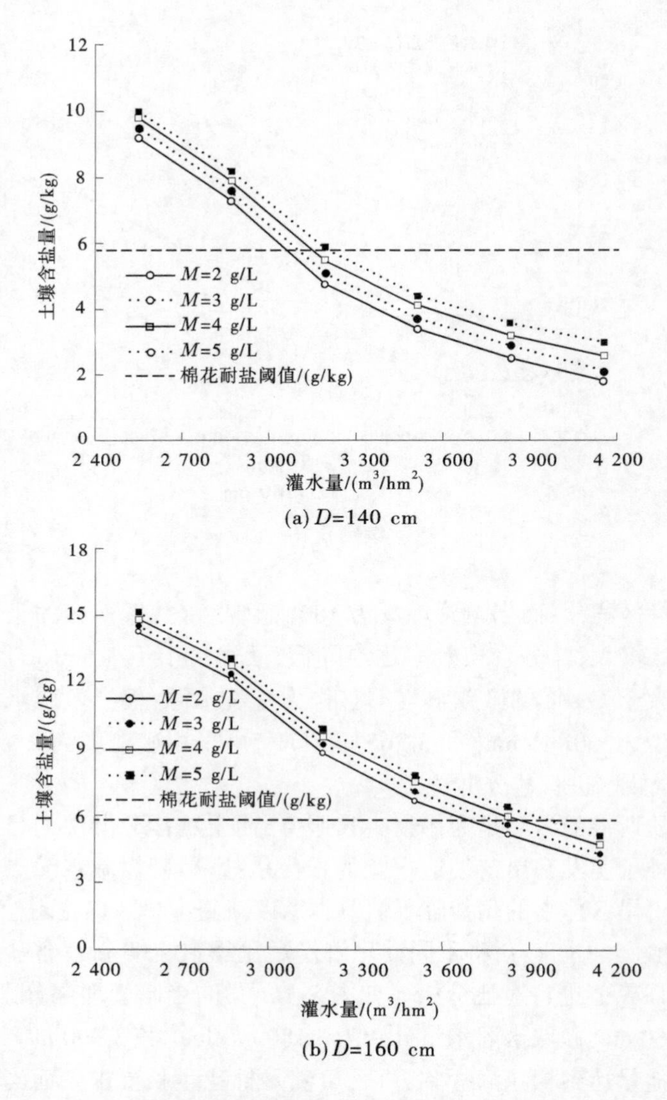

图 8-11　土壤含盐量随灌水量变化(0~60 cm)

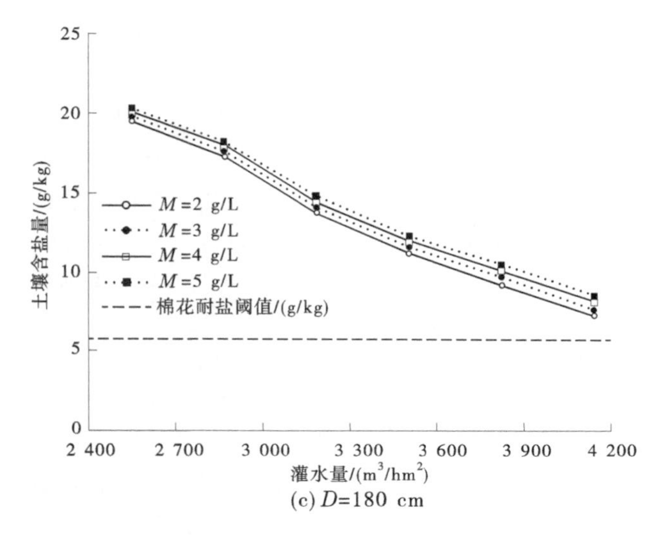

(c) D=180 cm

续图 8-11

8.8　讨　论

世界上储存丰富的微咸水将在农业灌溉中发挥越来越重要的作用,但在微咸水的安全利用上并未形成共识。许多研究发现[5-6],咸水灌溉可缓解干旱区用水紧张的趋势,但咸水灌溉在补充水分的同时,也将盐分离子带入土壤,导致根区盐分积累,增加土壤盐渍化和盐害风险;但也有学者研究表明只要灌溉制度合理,可以避免土壤盐渍化,并达到多年持续利用微咸水灌溉的目的。这些文献有一个共同点就是并未将盐分排出土体,而是积累在土层中,要么随地下水位的上升和蒸发作用在表层土中聚集,要么聚集在耕作层以下,土壤中的盐分总量并没有减少,这给土壤留下返盐的可能性。然而,在微咸水的利用过程中,有必要为土壤中盐分寻找出路[7]。暗管排水作为控制地下水位和排除土壤中盐分的有效措施[8],只有确保暗管排盐量大于微咸水带入土体的盐分含量,将盐分排出土体才是治理盐碱土的根本办法。本研究发现,在灌水量一定的情况下,暗管排水量、排盐量和渗流速度随暗管埋深的增加而减小;而在同等暗管埋深条件下,暗管排水量、排盐量和渗流速度则随着灌水量的增大而增大。这和 Feng 等[9]的结果比较类似,一般来说,咸水灌溉时土壤中盐分的引入量完全取决于灌溉量。土壤中的盐分迁移过程也受土壤水流的控制[10],当灌水量越大时,重力势逐渐取代基质势成为水分运动的主要动力[11],渗流速度随之增加,微咸水对盐分的动力挟带能力就越大,产生的溶质对流运移通量也越大,淋洗深度越深,随渗漏淋洗的盐分也增多,暗管埋深决定了其蓄水能力,导致土壤脱盐率随着土壤深度的增加而减少。

干旱区水盐失调主要原因是不合理的灌概与排水技术参数设计[12],排灌比较小,造成土壤盐分淋洗不够充分;过度排水不仅导致大量农用化学品被输送到受纳水体,而且增加了排水系统的维护成本[13]。本章试验结果表明,所有处理的排灌比均与已有研究提出的0.22 有区别。然而,本章在分析得出暗管排水各参数之间的相关关系后,根据经济和水资源高效利用等指标综合平衡的思想,采用极差和方差分析结果,同样认为试验结果得到的最优组合存在可调整空间。鉴于 HYDRUS-1D 软件在暗管排水、排盐过程的模拟方面已获得诸多成功应用[14-15],本研究通过 HYDRUS-1D 软件对暗管排水条件下微咸水带入土体的盐分和暗管排盐量进行水盐平衡分析,模拟结果表明,盐分置换量随着灌水量的增加而增加,随着暗管埋深和微咸水矿化度的增加而减少。结果证实了灌溉量与灌溉水质对土壤盐分的影响具有一定的统计规律。

本章以土壤盐分置换效果、耕层土壤脱盐率和作物的耐盐指标作为整体综合评价暗管排水条件下微咸水对土壤盐分的淋洗效果。模拟结果表明,当暗管埋深分别为 140 cm 和 160 cm、微咸水灌水量分别为3 180 m^3/hm^2 和 3 990 m^3/hm^2 时,土壤(0~60 cm)含盐量达到棉花耐盐临界值,可满足棉花生长和土壤盐分淋洗要求。研究结果表明盐分不会在土壤中产生累积,还可科学合理、高效安全地利用微咸水,不仅可以缓解水资源短缺,还能减缓土壤盐渍化风险。本章仅反映了一维条件下微咸水土壤盐分淋洗的置换效果,而田间暗管排水为二维流,暗

管间距较大,暗管间土壤水盐分布及置换效果存在空间差异,导致微咸水土壤盐分淋洗的置换效果低于室内土柱试验,而室内土柱试验并不能解决此类问题,只能采用田间试验和数值模拟,探讨微咸水淋洗条件下暗管间土壤盐分的置换效果及其与室内模拟的差异,这也是进一步研究需要解决的问题。

8.9　结　论

本章通过正交试验设计方法,以暗管埋深、灌水量和微咸水矿化度为 3 因素,每个因素设置 3 个水平,共计 9 组灌排组合方案,并结合 HYDRUS 数值模拟进行了暗管水盐置换分析的室内土柱试验,得出主要结论如下:

(1)在灌水量一定的情况下,随着暗管埋深及其蓄水能力的增大,暗管排水量、排盐量和渗流速度均减小;而在同等暗管埋深条件下,暗管排水量、排盐量和渗流速度均随着灌水量的增加而增大,水盐运移以对流运移为主;微咸水矿化度仅对盐分置换效果产生影响,随着微咸水矿化度的增加,盐分置换量就越小;盐分置换量与渗流速度呈线性相关关系。

(2)本研究基于 HYDRUS-1D 软件,建立了微咸水淋洗压盐条件下暗管排水区域内土壤水盐运动数值模型,并对模型和相关的土壤物理参数进行了校验。模拟结果表明,盐分置换量与灌水量呈线性相关关系,盐分置换量随着灌水量的增加而增加,随着暗管埋深和微咸水矿化度的增加而减少;当暗管埋深为 140 cm 和 160 cm,灌水量分别大于 3 180 m^3/hm^2 和 3 990 m^3/hm^2 时,土壤(0~60 cm)含盐量达到棉花耐盐临界值,可满足棉花生长要求。

参考文献

[1] Singh R, Helmers M J, Crumpton W G, et al. Predicting effects of drainage water management in Iowa's subsurface drained landscapes[J]. Agricultural Water Management,2007,92(3):162-170.

[2] 李取生,王志春,李秀军. 苏打盐渍土壤微咸水淋洗改良技术研究[J]. 地理科学,2002,22(3):342-347.

[3] 张建国,徐新文,雷加强,等. 咸水滴灌淋洗土壤盐分的试验研究[J]. 灌溉排水学报,2013,32(5):55-58.

[4] 罗毅. 旱区绿洲滴灌对土壤盐碱化的长期影响[J]. 中国科学:地球科学,2014(8):1679-1688.

[5] Pereira L S, Oweis T, Zairi A. Irrigation management under water scarcity[J]. Agricultural Water Management, 2002(57):175-206.

[6] Pang H C, Li Y Y, Yang J S, et al. Effect of brackish water irrigation and straw mulching on soil salinity and crop yields under monsoonal climatic conditions[J]. Agricultural Water Management, 2010, 97(12):1971-1977.

[7] 栗现文,靳孟贵,袁晶晶,等. 微咸水膜下滴灌棉田漫灌洗盐评价[J]. 水利学报,2014,45(9):1091-1098.

[8] Ritzema H P, Satyanarayana T V, Raman S, et al. Subsurface drainage to combat waterlogging and salinity in irrigated lands in India: lessons learned in farmers' fields[J]. Agricultural Water Management, 2008(95):179-189.

[9] Feng G X, Zhu C L, Wu Q F, et al. Evaluating the impacts of saline water irrigation on soil water-salt and summer maize yield in subsurface drainage condition using coupled HYDRUS and EPIC model[J]. Agricultural Water Management, 2021(258):107-175.

[10] Ramos T B, Simunek J, Goncalves M C, et al. Field evaluation of a multicomponent solute transport model in soils irrigated with saline waters[J]. Journal of Hydrology, 2011(407):129-144.

[11] 吴忠东,王全九. 利用一维代数模型分析微咸水入渗特征[J]. 农业工程学报,2007,23(6):21-26.

[12] Khan A N, Qureshi R H, Ahmad N. Effect of external sodium chloride salinity on ionic composition of leaves of cotton cultivars II. Cell sap, chloride and osmotic pressure[J]. Intitation Journal of Agricultural Biology, 2004(6):784-785.

[13] Jia Z, Luo W, Fang S, Wang N, et al. Evaluating current drainage practices and feasibility of controlled drainage in the YinNan Irrigation District, China[J]. Agricultural Water Management, 2006, 84(1-2):20-26.

[14] Castanheira P J N, Serralheiro R P. Impact of mole drains on salinity of a vertisoil under irrigation[J]. Biosystems Engineering, 2010, 105(1):25-33.

[15] Siyal A A, Skaggs T H. Measured and simulated soil wetting patterns under porous clay pipe sub-surface irrigation[J]. Agricultural Water Management, 2009, 96(6):893-904.

第9章

大孔隙流效应对暗管排盐效果的影响试验研究

9.1 引 言

覆膜滴灌条件下盐碱农田中的水盐运移规律与传统地面灌农田中的水盐运移规律存在明显差异[1]。覆膜滴灌的浅灌特点使得土壤始终保持在非饱和状态,难以将盐分淋洗掉[2],导致农田中始终存在大量盐分;另外,有学者认为[3],滴灌技术只是将土壤中的盐分抑制在湿润锋附近,并在耕作层以下形成积盐区,当地下水位上升或蒸发作用强烈时,土壤具有返盐风险。若采用明沟排水洗盐,不仅占用土地,而且需要加大灌水量,反而失去了滴灌技术原有的优越性。因此,采用暗管排水排盐是滴灌盐碱农田解决土壤盐碱问题的有价值的思路。然而,非饱和土壤中的基质吸力与暗管中大气压的共同作用,导致土壤水分难以顺利进入排水暗管。这一问题是实现滴灌农田暗管排水排盐效果所必须解决的难题。

农田土壤中存在许多直径大于毛管孔径的孔隙,其基质吸力很弱,水流在该孔隙中的运动速度快于基质流区域中的水流速度,使得水及溶质会绕过大部分基质流区域而优先运移到土壤深层,产生优先流现象,或称为大孔隙流现象[4-7]。大孔隙流是非平衡重力流,不仅水分运动速度快,而且产生漏斗吸力,对周围的基质流有拉动作用,从而促使基质流运动[8-9]。目前,国内外对土壤大孔隙及大孔隙流的研究,主要是针对原状土大孔隙流的运动特点进行观测研究,或采用实验室人工制造大孔隙的方法进行模拟研究(Jarvis,et al., 2016)。Ghodrati 等[10]

利用半圆柱形大孔隙土壤研究大孔隙流的运移机制，发现大孔隙与土壤基质之间的比例对大孔隙流的影响比大孔隙本身尺度对大孔隙流的影响还要大；Nachabe[11]利用张力渗透仪确定含有大孔隙（直径≥1 mm）土壤的水力传导度 K，指出大孔隙土壤的水力传导度是土壤基质的3.6倍；Wasten 等[12]根据张力计测试结果发现，占土壤体积0.32%的大孔隙对整个水分通量的贡献率达96%；Iqbal 等[13]指出大孔隙存在时的水流速率大约比无大孔隙存在时的水流速率大6倍；吴继强等[14]通过利用砂砾石填筑的方法模拟不同深度及不同有效面孔隙度的土壤大孔隙，进而实现对非饱和土壤中大孔隙流及溶质优先迁移等方面的研究，结果表明大孔隙对土壤水分优先迁移的影响十分显著，特别是对含大孔隙土壤内部剖面湿润面积的变化有较大影响。相关学者[15]通过对土壤基质流区与裂隙网络中的优先流区进行耦合，发现土壤水分优先沿着网络通道向下运移并与土壤基质流区进行水量互换，从而拉动土壤水分在很短的时间内运动到土壤底层。关于大孔隙对溶质运移方面的研究，相关学者[16]认为，大孔隙对流作用下产生的非平衡溶质运移导致的溶质迁移速率远高于弥散作用；孙龙等[17]通过对土壤大孔隙与优先流之间的关系进行研究，发现土壤深层的大孔隙对水分或溶质运移的影响大于土壤表层的大孔隙对水分或溶质运移的影响。

虽然国内外众多学者对大孔隙流的研究取得了许多成果，但其主要是阐述大孔隙流的运动特点或机制，而对于大孔隙流理论在生产实践中的应用研究几乎没有涉及。本章针对非饱和土壤中暗管排水排盐问题，通过人工制作大孔隙并与排水暗管相联通，利用大孔隙流理论研究大孔隙分布密度和大孔隙分布形式对暗管排水排盐效果的影响，以期为进一步丰富和发展非饱和土壤的排水排盐理论提供帮助，同时为滴灌技术暗管排水工程设计提供参考。

9.2　材料与方法

9.2.1　试验土壤

试验于2016年4~10月在石河子大学水利与土木工程实验中心

(86°03′27″E,44°18′25″N,海拔 451 m) 进行。供试土壤取自新疆石河子市北泉镇。比重计法分析供试土壤黏粒含量,压力膜仪测定土壤水分特征曲线,排水法测定土壤田间持水率,其基本物理参数如表 9-1 所示。

表 9-1　供试土壤基本物理参数

土质	黏粒含量(<0.01 mm)/%	容重/(g/cm^3)	孔隙率/%	田间持水率/%	饱和含水率/%
沙壤土	15.09	1.63	42.71	17.15	26.20

注:表中含水率均为质量含水率。

9.2.2　试验设备

试验装置主要包括供水系统、土槽、大孔隙流导管及排水暗管。其中,供水系统采用果树输液袋,以其针头模拟滴灌滴头,相邻滴头间距为 25 cm,位置分别固定于距土槽边缘 12.5 cm、37.5 cm、62.5 cm、87.5 cm 处。透明有机玻璃土槽尺寸为 100 cm×20 cm×80 cm(长×宽×高);土槽底部铺 20 cm 厚砾石垫层,垫层上覆 10 mm 厚、孔距 50 cm×50 mm 的多孔 PVC 隔板。试验所用大孔隙流导管是用纤维网加工成的多孔细软条,长 53 cm、平均直径 5 mm 左右,它在土壤中能产生大孔隙流现象,本章称之为大孔隙流导管。试验所用排水暗管为直径 5 cm 的 PVC 管,暗管上布有孔径 0.5 cm、孔距 2 cm 的小孔,开孔率为 3.1%;暗管外包裹透水无纺布。大孔隙流导管与排水暗管呈直角连通。暗管埋设在土槽底部中间位置,暗管坡度设置为 1/500[《农田排水工程技术规范》(SL/T 4—2020)],排水暗管外壁距土槽内边壁 7.5 cm。试验装置如图 9-1 所示。

9.2.3　试验方法

试验中,对大孔隙流导管的布置密度做 3 个处理,分别为 3 根、4 根、5 根导管;对大孔隙流导管布置形式做垂直(V)、弯曲(Z)2 种,如图 9-2 所示;共 6 种组合,每种处理重复 2 次;以无大孔隙流导管的暗管排水作为对照,并进行 3 次重复。试验中滴灌用水为矿化度 0.15

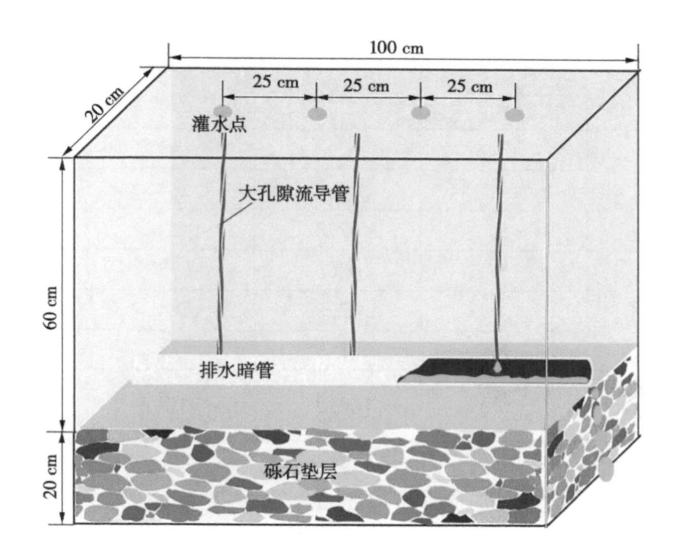

图 9-1　试验装置图

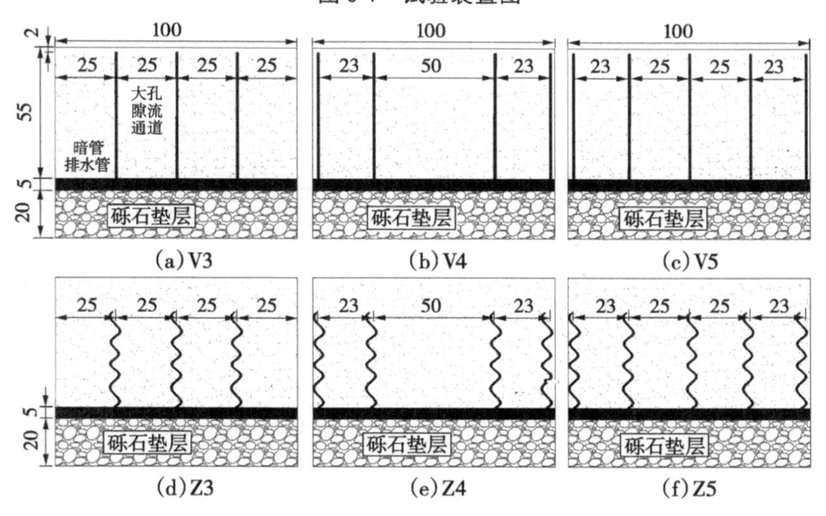

图 9-2　大孔隙流导管布置图　（单位：cm）

g/L 的淡水，滴头流量均控制在 1 L/h，各处理的灌水量均为 62. 8 L。试验组合如表 9-2 所示。

表 9-2　试验方案组合

大孔隙导管布设形式	大孔隙导管布设数量/根	灌水量/L	标注	重复次数
弯曲布设	3	62.8	Z3	2
	4	62.8	Z4	2
	5	62.8	Z5	2
垂直布设	3	62.8	V3	2
	4	62.8	V4	2
	5	62.8	V5	2
无大孔隙流导管（对照）	0	62.8	CK	3

供试土壤经风干、磨碎后过 $\Phi2$ mm 筛去除杂质，拌均匀后按设计容重分层装填入土槽内。每次装填时，将土压实至 10 cm 厚，最终填土至 60 cm 高度。暗管埋深 55 cm。装土完成后再使土体自然稳定 1 d，并从土槽中取土样测土壤初始质量含水率 θ 与初始含盐率 C_0，如表 9-3 所示。

表 9-3　各处理土壤本底值

处理	V3	V4	V5	Z3	Z4	Z5	CK
θ/%	1.6	0.8	0.9	1.8	1.4	0.9	1.5
C_0/(g/kg)	20.7	17.49	17.49	13.05	22.34	16.83	20.63

注：表中含水率均为质量含水率。

9.2.4　观测指标

考虑大孔隙流导管布设形式及大孔隙流导管布置密度对土壤水分的运动速度及分布状态产生不同影响，本研究在灌水过程中实时记录土壤湿润锋的运动过程，并标记于透明有机玻璃土槽表面，试验结束后提取各湿润锋曲线位置。

土钻法取样分析土壤水盐含量的分布规律。沿土槽轴向距槽边缘 6.25 cm、18.75 cm、31.25 cm、43.75 cm 处取样，并在暗管正上方和距

离暗管中心位置 5 cm 处的侧部设 2 排取样点，如图 9-3 所示，土槽中另一半的试验区作为重复取样区。

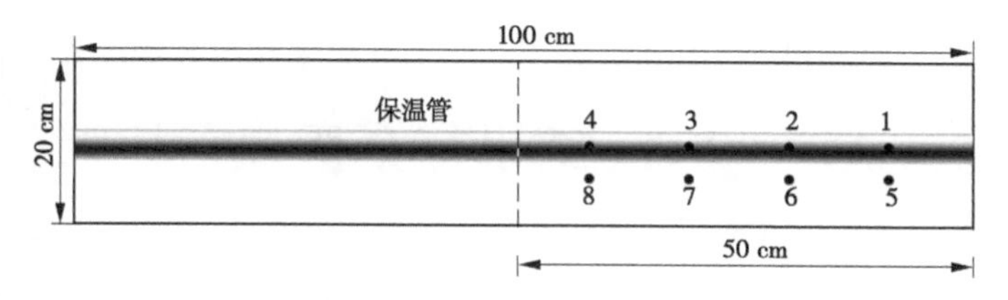

图 9-3　取样点布置

其中，1、2、3、4 取样点在暗管上方；从表层向下每 10 cm 取一个样，取到暗管位置。5、6、7、8 取样点在暗管侧部；从表层向下每 10 cm 取一个样，取到 60 cm 深处。用刻度 1 000 mL 的量桶测量暗管排水量。烘干法测土壤含水率。土壤浸提液电导率法测土壤含盐量[灌溉试验规范(SL 13—2015)]，干燥残渣法标定土壤电导率与含盐量之间的关系：

$$y = 3.437x + 0.248 \quad (R^2 = 0.983, n = 104) \tag{9-1}$$

式中　y——土壤含盐量，g/kg；

x——土壤浸提液电导率，mS/cm；

n——样本数。

将各重复处理数据取算术平均值作为所取样品的最终数据结果，然后分析土壤相对于初始含盐量的变化率，其计算方法见式(9-2)：

$$\eta = \frac{w_1 - w_0}{w_0} \times 100\% \tag{9-2}$$

式中　w_1——试验后土样含盐量，g/kg；

w_0——土壤初始含盐量，g/kg；

η——土壤相对于初始含盐量的变化率，%，值为“+”表示积盐，值为“-”则表示脱盐。

用 1500F1 型压力膜仪测得土壤体积含水率与土壤基质吸力之间的对数函数关系式为：

$$S = \frac{1}{78.322 + 65.233\ln\theta} \quad (R = 0.995\ 98) \tag{9-3}$$

式中 S——土壤基质吸力,MPa;
θ——土壤体积含水率,%;
R——相关系数。

9.3 结果与分析

9.3.1 大孔隙流导管对暗管排水效果的影响

对不同大孔隙流导管布置密度及布置形式处理下的暗管排水量、排盐量进行观测,发现无大孔隙流导管布置的CK处理暗管中始终未排出水;垂直布置大孔隙流导管的V3、V4、V5处理暗管中都出现排水现象,且随着大孔隙流导管布置密度的增加暗管排水量逐步增大(分别为9.71 L、10.66 L、12.25 L);弯曲布置大孔隙流导管的Z3、Z4、Z5处理的暗管排水量也随大孔隙流导管布置密度的增加而增大(分别为7.81 L、9.81 L、11.21 L),但是,都比垂直布置大孔隙流导管时的排水量少。

CK处理的暗管虽然没有排出水,但是其土壤含水率达到了24%;而不同大孔隙流导管布置密度及布置形式处理下的暗管排出了水,其土壤含水率值都在20%~23%范围内,不仅低于土壤饱和含水率(26.2%),也低于CK处理的水分状态,但是大于土壤田间持水率(17.15%)。弯曲布置大孔隙流导管的土壤含水率比垂直布置大孔隙流导管的同类指标高,各土层的土壤含水率都介于22%~25%。

9.3.2 大孔隙流导管在暗管排水中的漏斗吸力效应

土壤中大孔隙流的流速大于基质流流速,产生优先流现象,并对其周围土壤水分产生漏斗吸力作用[9,18],从而降低土壤的持水能力。在漏斗吸力的作用下,大孔隙流导管周围基质流区的水分将横向汇流进入大孔隙中[19],使得大孔隙流的影响范围扩大,如图9-4所示。试验中,从土槽壁上(距离排水暗管7.5 cm)观察到土壤湿润锋运移速度随大孔隙流导管布置密度的增大而加快。

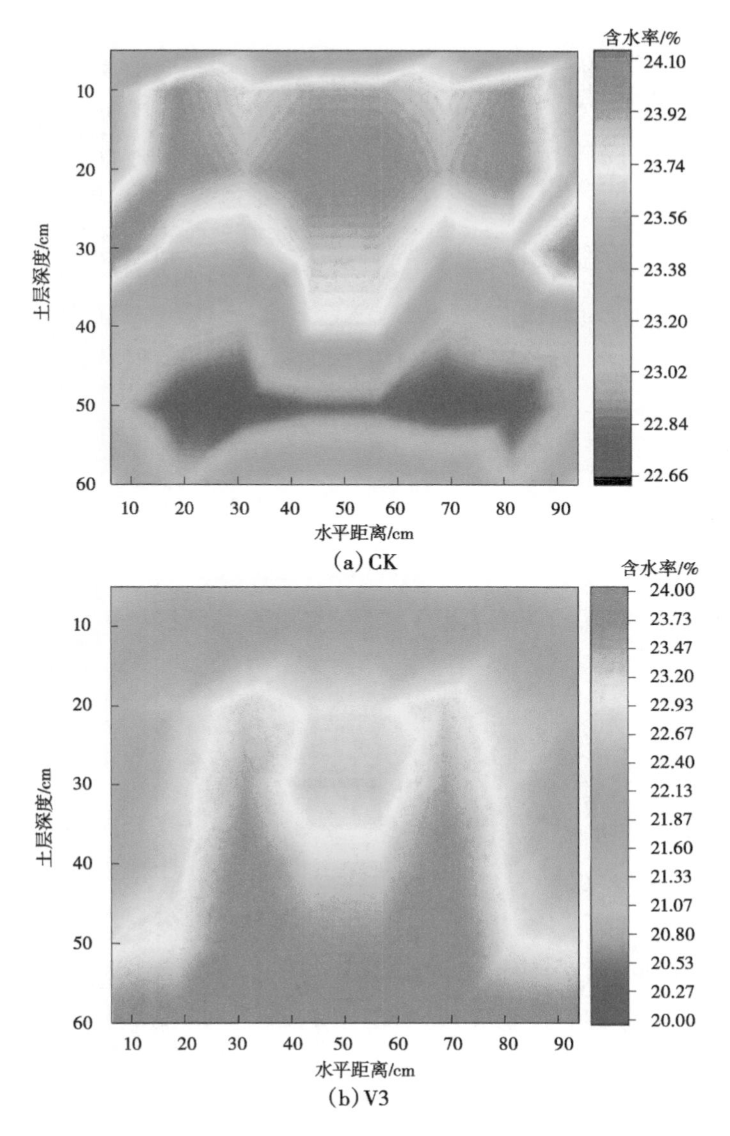

图 9-4　土壤湿润锋运动过程及含水率分布随大孔隙流导管布置密度而变化的特征

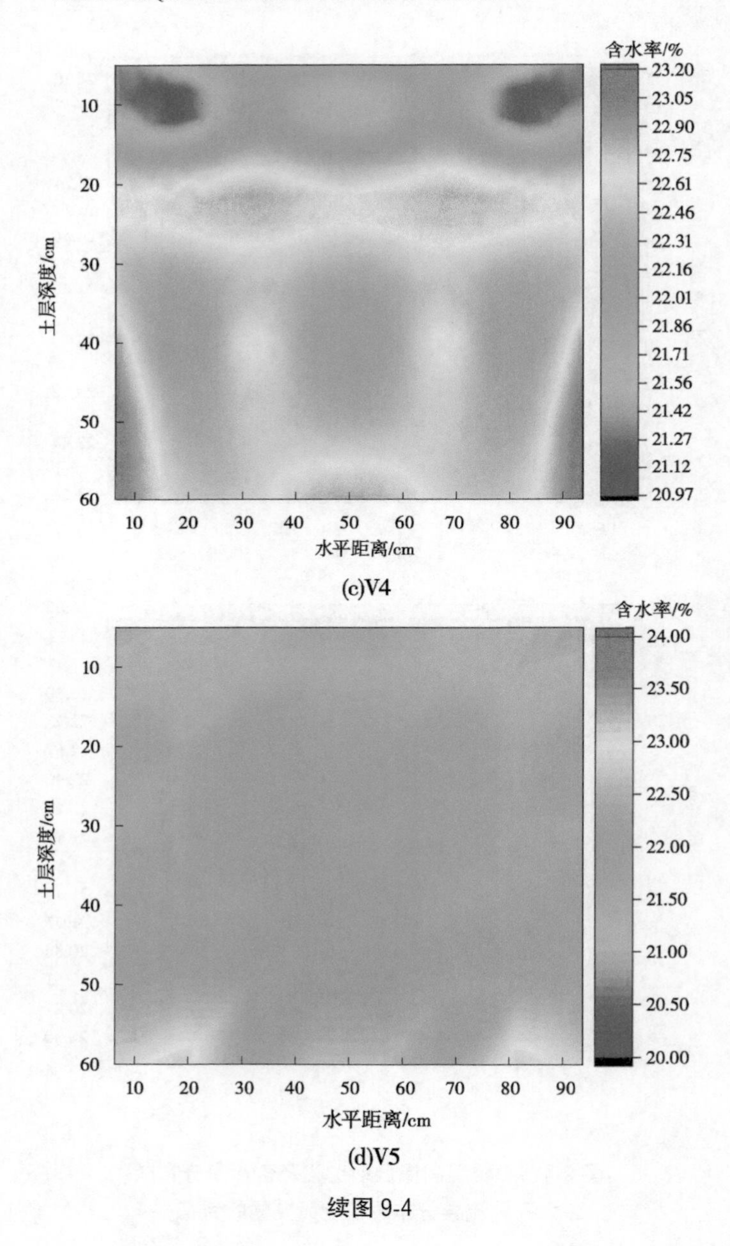
含水率/%
23.20
23.05
22.90
22.75
22.61
22.46
22.31
22.16
22.01
21.86
21.71
21.56
21.42
21.27
21.12
20.97
土层深度/cm
10
20
30
40
50
60
水平距离/cm
10
20
30
40
50
60
70
80
90
(c)V4
含水率/%
24.00
23.50
23.00
22.50
22.00
21.50
21.00
20.50
20.00
土层深度/cm
水平距离/cm
(d)V5

续图 9-4

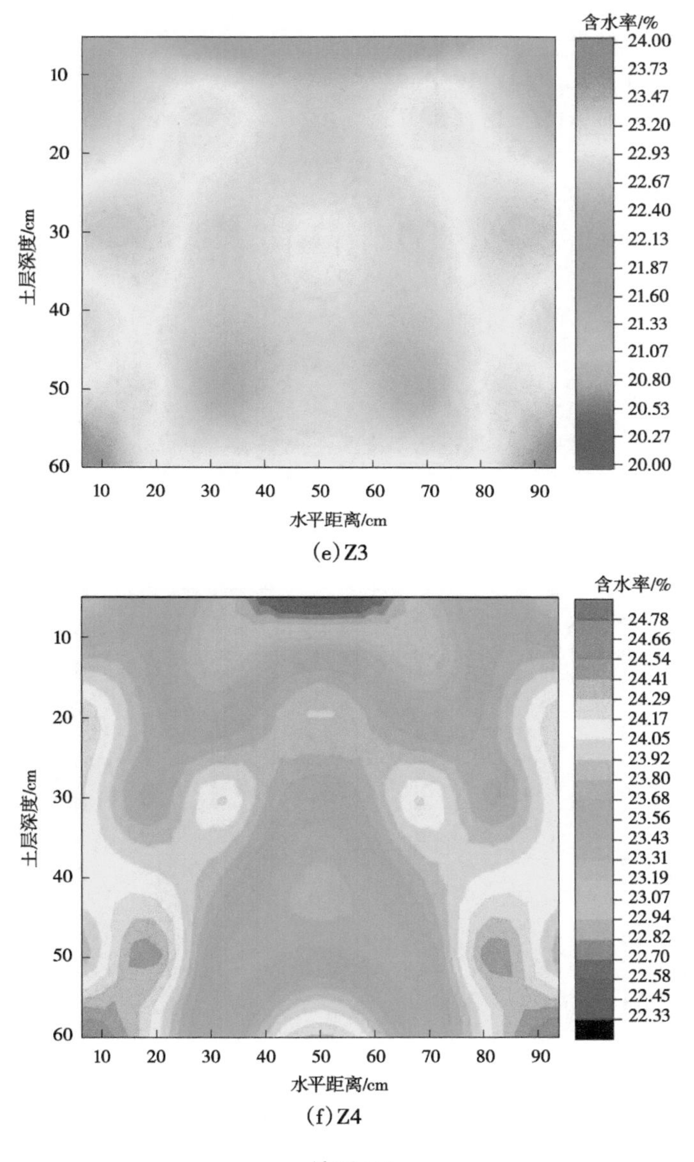
含水率/%
24.00
23.73
23.47
23.20
22.93
22.67
22.40
22.13
21.87
21.60
21.33
21.07
20.80
20.53
20.27
20.00
土层深度/cm
10
20
30
40
50
60
水平距离/cm
10
20
30
40
50
60
70
80
90
含水率/%
24.78
24.66
24.54
24.41
24.29
24.17
24.05
23.92
23.80
23.68
23.56
23.43
23.31
23.19
23.07
22.94
22.82
22.70
22.58
22.45
22.33
土层深度/cm
水平距离/cm

(e) Z3

(f) Z4

续图 9-4

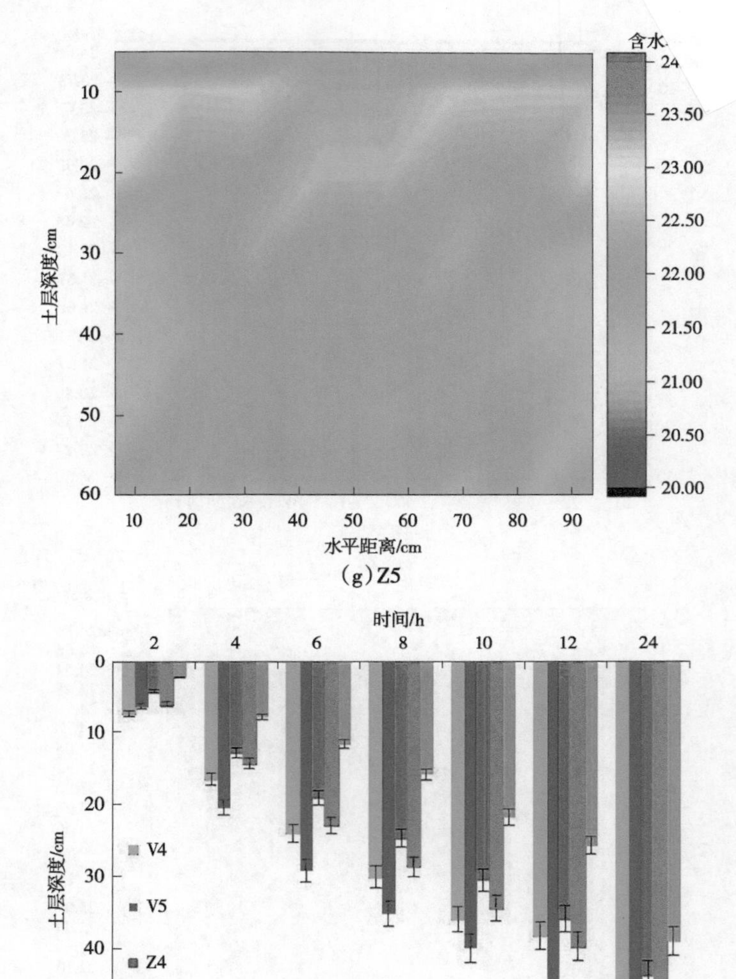

(g) Z5

(h) 土壤湿润锋迁移

续图 9-4

土壤中大孔隙流导管数量越多，引起的大孔隙流效应越明显，土壤含水率越低。V5 处理下的土壤含水率分布最为均匀，而其他处理（CK、V3、V4、Z3、Z4）的土壤中均出现大孔隙流导管引起的水分分布不均匀现象。图中柱状图［见图 9-4（h）］表达了在相同时刻不同大孔隙流导管控制下土壤湿润锋到达的土层深度，图中显示，相同时间内，CK 处理到达的土层深度最浅；相同导管密度处理下，垂直大孔隙流导管控制下的水分湿润深度明显深于弯曲大孔隙流导管控制下的湿润深度。湿润锋到达 50 cm 时，CK 处理用了 31.42 h 左右，而 V4 处理用了 28 h 左右，V5 处理用了 23.5 h 左右，Z4 处理用了 25 h 左右，Z5 处理用了 24 h 左右。由于 Z4 处理和 Z5 处理的大孔隙流导管是弯曲布置，导管本身占据的土壤空间宽度比 V4 处理和 V5 处理的大孔隙流导管占据的空间宽度大，所以 Z4 处理和 Z5 处理产生的漏斗吸力的影响范围比 V4 处理和 V5 处理的漏斗吸力的影响范围大；但是，并不表明 Z4 处理和 Z5 处理的大孔隙流导管的流速比 V4 处理和 V5 处理的流速大。暗管排水量显示出 V4 处理和 V5 处理的排水量大于 Z4 处理和 Z5 处理的同类指标。

采用式（9-3）对不同大孔隙流导管布置密度及布置形式处理下的暗管顶部与暗管侧部土壤的基质吸力进行计算，结果如表 9-4 所示。

CK 处理各土层的平均基质吸力为 3.525 kPa，暗管顶部与侧部土壤平均基质吸力相差 0.016 kPa。V3～V5 处理以及 Z3～Z5 处理的各土层平均基质吸力都在 6.82 kPa 左右变化，几乎是 CK 处理同类指标的 2 倍。其中，V3 处理各土层的平均基质吸力为 6.818 kPa，比 CK 处理的值大 90.84%～94.51%，且暗管顶部与侧部土壤平均基质吸力差值几乎为 0，说明布置了大孔隙流导管的暗管侧部土壤水分运动形式与 CK 处理的侧部土壤水分运动形式不一致。根据非饱和土壤水运动的基本理论和受力平衡理论：水分从土水势高处向土水势低处运动，布置了大孔隙流导管的土壤基质吸力比 CK 处理条件下的值高；然而前者暗管排水，后者暗管不排水，说明大孔隙流导管中水分受重力势和压力势作用大，并且漏斗吸力拉动非饱和土壤水向暗管中运移，导致相应处理的暗管侧部水分运动形式为大孔隙流，如图 9-4（b）和图 9-4（d）所

示,能够实现排水效果;而 CK 处理的暗管侧部水分运动形式

表 9-4　各种处理条件下土壤基质吸力分布

处理		土层深度/cm						
		0	10	20	30	40	50	60
CK	暗管顶部	3. 512	3. 528	3. 521	3. 526	3. 547	3. 573	—
	暗管侧部	3. 521	3. 508	3. 505	3. 508	3. 526	3. 542	3. 519
V3	暗管顶部	6. 822	6. 821	6. 820	6. 819	6. 819	6. 818	—
	暗管侧部	6. 821	6. 819	6. 818	6. 818	6. 817	6. 816	6. 815
V4	暗管顶部	6. 821	6. 822	6. 819	6. 819	6. 819	6. 819	—
	暗管侧部	6. 820	6. 820	6. 818	6. 818	6. 818	6. 818	6. 818
V5	暗管顶部	6. 820	6. 820	6. 820	6. 819	6. 820	6. 820	—
	暗管侧部	6. 821	6. 821	6. 819	6. 819	6. 820	6. 819	6. 818
Z3	暗管顶部	6. 819	6. 818	6. 819	6. 818	6. 818	6. 818	—
	暗管侧部	6. 819	6. 818	6. 818	6. 818	6. 818	6. 818	6. 817
Z4	暗管顶部	6. 818	6. 818	6. 816	6. 816	6. 817	6. 817	—
	暗管侧部	6. 817	6. 816	6. 815	6. 815	6. 815	6. 815	6. 815
Z5	暗管顶部	6. 821	6. 820	6. 819	6. 820	6. 820	6. 820	—
	暗管侧部	6. 820	6. 818	6. 818	6. 820	6. 820	6. 820	6. 819

各处理的土壤含水率分布显示(见图 9-4),CK 处理的上层土壤含水率高,下层土壤含水率低,表现出基质流的入渗特征。布置大孔隙流导管的处理基本上都是上层土壤含水率低,下层土壤含水率高,表现出大孔隙流的入渗特征[20]。特别是 V4 处理和 Z4 处理的大孔隙流的运

动特点最显著,在大孔隙流导管位置处的土壤含水率增大,表明水分的汇集现象;而由于 V5 处理和 Z5 处理中的大孔隙流导管布置密度增大,大孔隙流影响范围增大,所以整个土壤剖面上水分都下降,非均匀流运动现象不明显。

9.3.3　大孔隙流导管垂直布置时布置密度对暗管排盐效果的影响

土壤含水率的大小决定了盐分的溶解度,而水分的入渗速率则影响着盐分的淋洗程度。土壤在无大孔隙流导管处理下呈现上部土体脱盐、下部土体积盐现象;而布设有大孔隙流导管的处理则呈现上部与下部土体整体脱盐现象,且土体脱盐率及脱盐深度随大孔隙流导管布置密度的增加而增大,如图 9-5 所示。

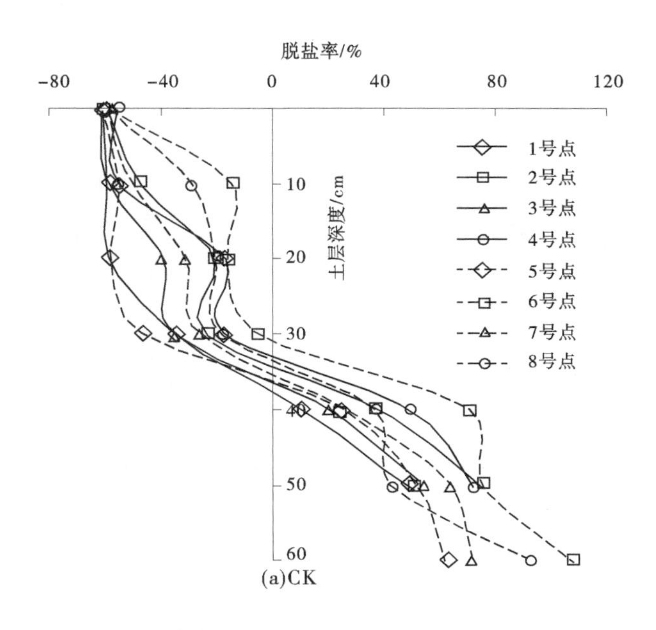

图 9-5　大孔隙流导管垂直布置时布置密度对暗管排盐效果的影响

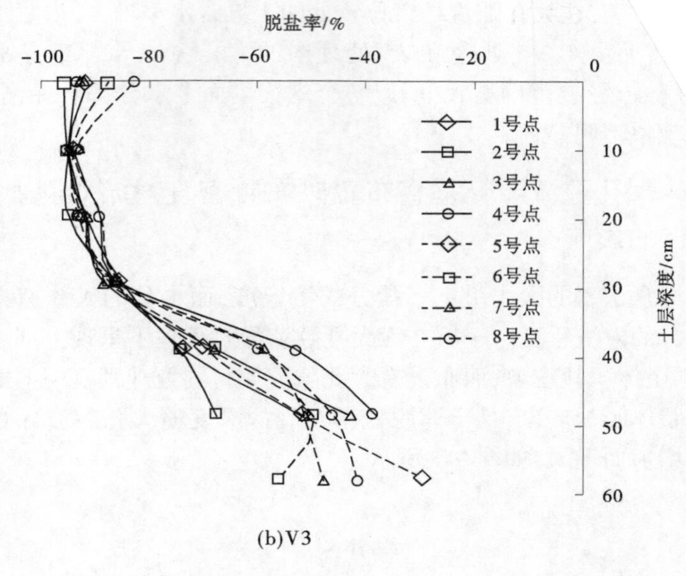
脱盐率/%
−100
−80
−60
−40
−20
0
10
20
30
40
50
60
土层深度/cm
1号点
2号点
3号点
4号点
5号点
6号点
7号点
8号点

(b)V3

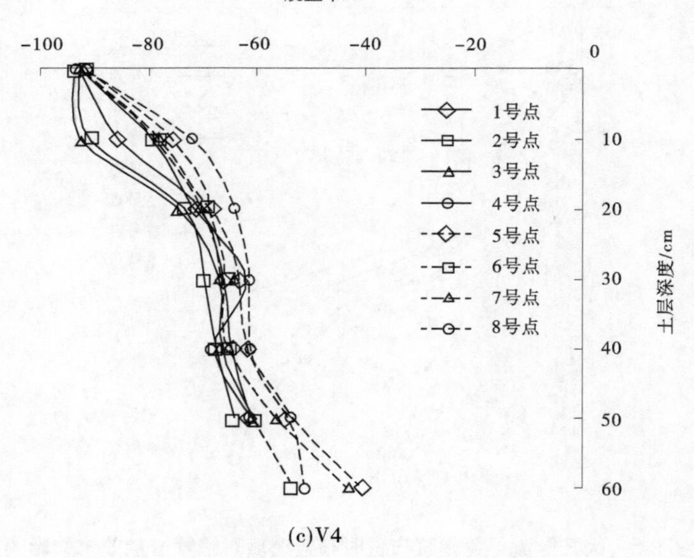
脱盐率/%
−100
−80
−60
−40
−20
0
10
20
30
40
50
60
土层深度/cm
1号点
2号点
3号点
4号点
5号点
6号点
7号点
8号点

(c)V4

续图 9-5

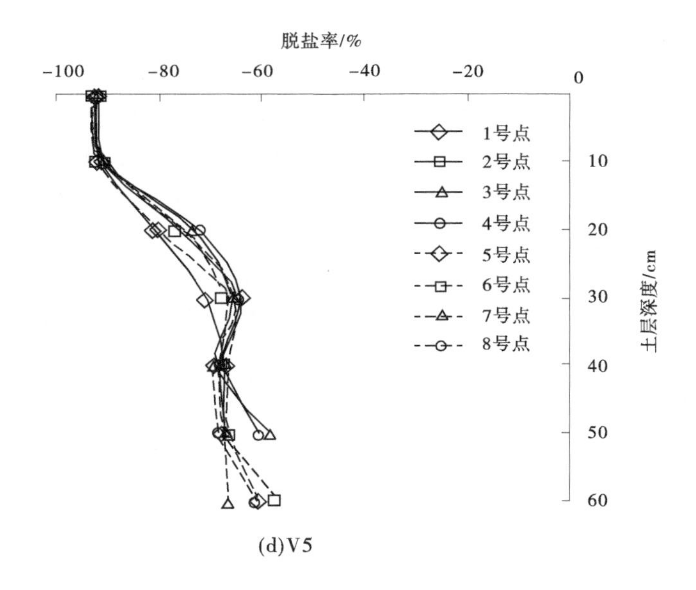

(d)V5

续图 9-5

CK 处理的灌溉水只是将上层土壤中的盐分淋洗到下层,最终并没有将盐分排出土体,导致 0~30 cm 土层脱盐而 30~60 cm 土层积盐;暗管顶部(1~4 号取样点) 0~30 cm 以上土层平均脱盐率为-43.99%,暗管侧部(5~8 号取样点)同一深度土层的平均脱盐率为-38.20%,比暗管顶部的平均脱盐率低。另外,各测点的盐分分布比布置了大孔隙流导管的土壤盐分分布分散,这与 CK 处理的水分分布形式较为一致。

布置了大孔隙流导管的土壤整体均处于脱盐状态,3 种布置密度处理下的上层土壤脱盐率均大于下层土壤脱盐率;随着大孔隙流导管布置密度的增加,下层土壤脱盐率也呈逐渐增大趋势,如图 9-5(b)~(d)所示,说明大孔隙流导管产生的漏斗吸力对土壤盐分对流运移具有促进作用,使土壤中的盐分随导管顺利进入暗管排出土体。

V3 处理的 10～30 cm 土层范围内暗管顶部与侧部脱盐
差不大，而 30～60 cm 土层的暗管顶部与侧部脱盐率分布相 。在大孔隙流导管布置数量较少的情况下，大孔隙流导管之间的土壤基质流区较大，该区土壤盐分主要以弥散形式运移；而在大孔隙流导管附近则以对流-弥散形式运移，两者的运移速度有明显差别，所以造成下部土层脱盐率分布不同。

随大孔隙流导管布置密度的增加，大孔隙流的影响范围以及它所产生的漏斗吸力的影响范围都扩大，使得 V4 处理与 V5 处理下暗管顶部及侧部的排盐效果较为集中。V4 处理下的暗管顶部各测点（1~4 号取样点）土壤平均脱盐率分别为 -73.59%、-76.44%、-75.79%、-72.51%，暗管侧部的各测点（5～8 号取样点）土壤平均脱盐率分别为-65.01%、-69.58%、-67.26%、-65.06%；而 V5 处理下的暗管顶部及侧部各测点土壤平均脱盐率都比 V4 处理的值高，分别为-78.31%、-76.47%、-75.97%、-74.58% 和 -74.86%、-74.21%、-75.11%、-74.78%。可见，增加大孔隙流导管布置密度对于提高暗管顶部及侧部脱盐率及脱盐均匀性具有促进作用。

9.3.4 大孔隙流导管弯曲布置时布置密度对暗管排盐效果的影响

单一的垂直大孔隙在田间土壤中几乎不存在，基本都是不规则的弯曲大孔隙。孔隙的弯曲将会增大水分的运动阻力，降低运动速度。但是弯曲孔隙占据的土壤空间比垂直孔隙占据的土壤空间大，所以也有明显的影响范围。大孔隙流导管弯曲布置时的土壤脱盐率分布随导管布置密度的增大而变化的特征如图 9-6 所示。

大孔隙流导管弯曲布置时的土壤盐分分布规律与大孔隙流导管垂直布置时的盐分分布规律类似，即整个土层深度范围内均处在土壤脱盐状态，且脱盐率随土层深度的增加而逐渐降低。但是，相比于大孔隙流导管垂直布置，大孔隙流导管弯曲布置时的各处理盐分分布曲线更为集中，说明弯曲大孔隙流导管依靠其所占据的土壤空间宽度扩大其影响范围，使得暗管顶部和侧部的土壤脱盐率都受到大孔隙流控制。

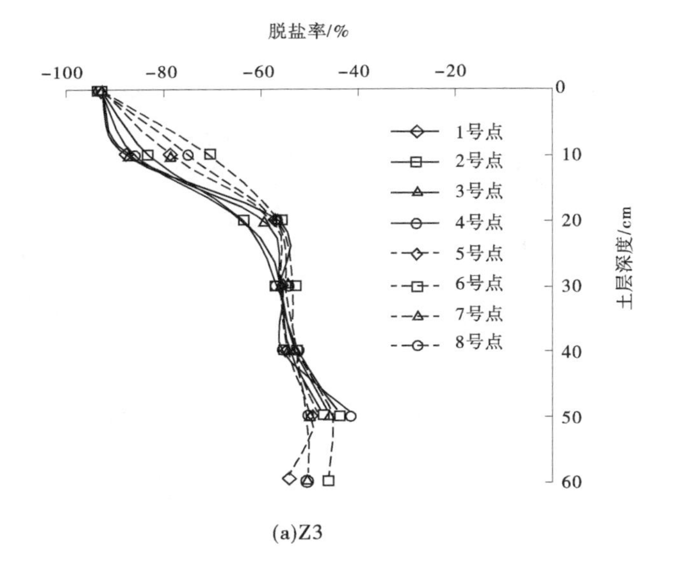

(a)Z3

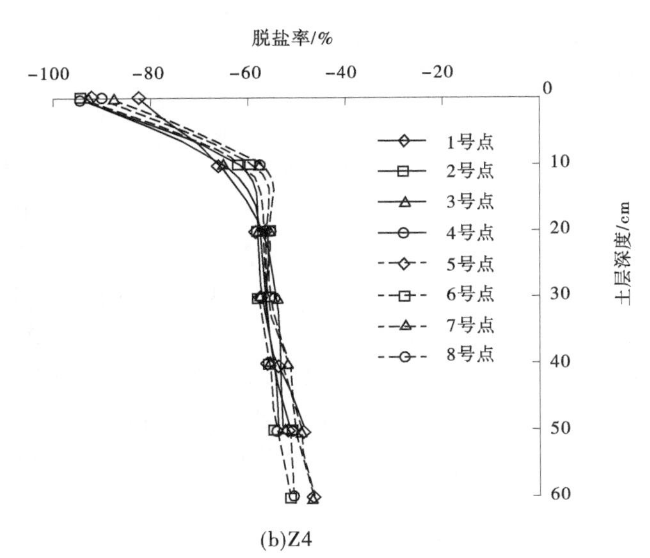

(b)Z4

图 9-6　大孔隙流导管弯曲布置时布置密度对暗管排盐效果的影响

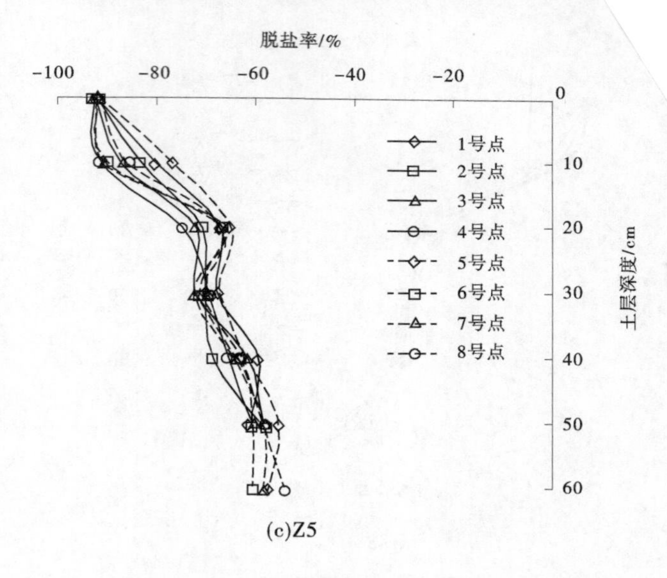

(c)Z5

续图 9-6

在 0～20 cm 土层，各处理(Z3、Z4、Z5)的暗管顶部土壤(1～4 号取样点)的脱盐效果比暗管侧部土壤(5～8 号取样点)的脱盐效果好；但是在 20 cm 以下土层，两个位置处的土壤脱盐率相差不大。这是由于大孔隙流导管长度一致，当大孔隙流导管弯曲布置时，土壤上层没有大孔隙流导管，灌水后 0～10 cm 土层都是基质流区；但 10 cm 以下土层中有大孔隙流导管，水分沿着大孔隙流导管运动对上部土层产生漏斗吸力作用，使得暗管顶部 0～10 cm 土层进入大孔隙的水量多于暗管侧部进入大孔隙的量，因此弯曲大孔隙流导管布置下的 0～20 cm 土层(基质流区与大孔隙流过渡区)暗管顶部土壤的脱盐效果好于暗管侧部土壤的脱盐效果。由于 20 cm 以下土层属于弯曲大孔隙流导管控制区，而且导管的弯曲布置降低了导管两端的水力坡度，降低导管中的水流流速，使流态更为均一，盐分分布也更加均匀，因此 20 cm 以下土层暗管顶部与侧部脱盐率相差不大。

Z3 处理、Z4 处理的土壤平均脱盐率相差不大，而 Z5 处理的土壤平均脱盐率明显增加，分别比 Z3 处理、Z4 处理的值高 8.96 个百分点、

11.61 个百分点。由于弯曲大孔隙流导管产生的阻力作用降低了土壤水流速,导致排盐速率低于垂直大孔隙流导管的相应指标,进而在相同导管密度处理下土壤平均脱盐率都低于垂直导管布置的相应指标,随着大孔隙流导管密度增加(3~5 根),两种布置形式处理下的土壤平均脱盐率分别相差 15.23 个百分点、10.64 个百分点、3.26 个百分点。

9.4　讨　论

由于大孔隙中的基质吸力小,所以大孔隙流近似于重力流,流速快;相应地,大孔隙流中的盐分以对流的形式运移。虽然大孔隙流的漏斗吸力对其周围基质流区的水分有拉动作用,但也仅相当于在基质流区附加了一个横向的吸力,使周围水分倾向于横向运动[9];相应地,该区域中的盐分以对流-弥散的形式运移。

本章研究中, CK 处理的水分运动主要受基质流控制,使土壤水分分布呈现上层含水率明显高于下层的情况,盐分分布则呈现上层土壤脱盐而下层土壤积盐的特点。设置有大孔隙流导管的处理中,漏斗吸力使大孔隙流导管周围的土壤水分也加快了入渗的响应速度[9],使水和溶质沿大孔隙流导管优先运移[21],并快速进入到排水暗管中。由于优先流区和基质流区之间存在溶质交换[22],所以,设置有大孔隙流导管的土壤水盐分布较为均匀,而且大孔隙流导管数量越多,其上下层土壤水盐分布均匀度越高,如图 9-4 所示。V3 处理、V4 处理、V5 处理下的暗管顶部的脱盐总值与侧部的脱盐总值之差分别为 31.55%、109.85%、21.42%,相同对比条件下,Z3 处理、Z4 处理、Z5 处理下的同类指标分别为 45.84%、29.08%、30.85%,除 Z4 处理外,Z3 处理和 Z5 处理的值都大于大孔隙流导管垂直布置的相应处理的值,说明依靠增大漏斗吸力来增加两流区之间的溶质交换数量效果更好。

另外,根据圆形断面弯曲毛管的 Hagen-Poiseuille 方程可知[23],大孔隙流导管的水力坡度为:

$$\frac{\Delta P}{L_t} = \frac{128\mu \cdot q}{\pi \cdot d^4} \tag{9-4}$$

式中 ΔP——毛管两端的压力差；

L_t——导管实际长度；

q——毛管水通量；

d——毛管直径；

μ——流体动力黏度。

本研究大孔隙流导管直径 d 保持均匀一致，且不随试验进程而发生变化；导管的实际长度 L_t 也保持一致。试验测得弯曲大孔隙流导管的暗管排水量比垂直大孔隙流导管的排水量少，说明弯曲大孔隙流导管两端的压力差降低。由于大孔隙流导管弯曲布置时导管顶部与土体表面距离增大，弯曲大孔隙流导管的顶部存在基质流区，使得导管两端压力差 ΔP 降低，上部土壤水进入导管的速度也降低，产生的漏斗吸力也同步降低，导致弯曲大孔隙流导管排出的盐分含量也较少。因此，垂直大孔隙流导管控制下的土壤脱盐效果整体高于弯曲大孔隙流导管控制下的土壤脱盐效果。

9.5 结 论

本章在滴灌条件下对非饱和土壤中设置大孔隙流导管进行土槽暗管排水试验，并与无大孔隙流导管情况下的暗管排水效果相比较，分析了不同处理的土壤水盐分布特点，探究了不同大孔隙流导管分布密度及大孔隙流导管分布形式对暗管排水排盐效果的影响，得到以下结论：

（1）无大孔隙流导管布置时的暗管始终未排出水，土壤含水率分布表现为上层含水率高、下层含水率低的特征；而有大孔隙流导管布置的处理，其暗管都出现排水现象，且上、下层土壤含水率分布也较为均匀；暗管排水量随大孔隙流导管布置密度的增加而逐渐增大。各导管密度（3~5 根）处理下，垂直大孔隙流导管的排水量分别为 9.71 L、10.66 L、12.25 L，相同布置密度下，弯曲大孔隙流导管的排水量比垂直大孔隙流导管少，分别为 7.81 L、9.81 L、11.21 L。

（2）对于无大孔隙流导管布设的处理，土壤表现为基质流水分分布特征；而有大孔隙流导管布设的处理，土壤产生优先流现象，对周围

土壤水分产生漏斗吸力作用，导致大孔隙流导管控制下的土壤含水率低于无大孔隙流导管的土壤含水率；导管周围土壤湿润锋运移速度也随大孔隙流导管布置密度的增大而加快。

(3)相同灌水量处理下，无大孔隙流导管布设的土壤呈上部土体脱盐、下部土体积盐现象，上部土壤平均脱盐率仅为-41.10%；而有大孔隙流导管布设的土壤上部土体与下部土体都呈现脱盐现象，且脱盐率及脱盐深度随大孔隙流导管布置密度的增加而逐渐增大。增加大孔隙流导管布置密度对于提高暗管顶部及侧部脱盐率及脱盐均匀性具有促进作用，各处理下的土壤平均脱盐率介于-67%~-81%。

(4)大孔隙流导管弯曲布置可增大水分运动阻力，降低水分运动速度，在相同导管密度处理下，其土壤平均脱盐率都低于垂直导管布置的相应指标，两种布置形式处理下的土壤平均脱盐率在不同大孔隙流导管密度(3~5 根)下分别相差 15.23 个百分点、10.64 个百分点、3.26 个百分点。

参考文献

[1] 谭军利，康跃虎，焦艳萍，等．滴灌条件下种植年限对大田土壤盐分及 pH 值的影响[J]．农业工程学报，2009，25(9)：43-50.

[2] 李明思，刘洪光，郑旭荣．长期膜下滴灌农田土壤盐分时空变化[J]．农业工程学报，2012，28(22)：82-87.

[3] 李显溦，左强，石建初，等．新疆膜下滴灌棉田暗管排盐的数值模拟与分析 Ⅰ：模型与参数验证[J]．水利学报，2016，47(4)：537-544.

[4] Childs E C. An introduction to the physical bases of soil water phenomena[M]. John Wiley, New York, 1969.

[5] 张建丰，林性粹，王文焰．黄土的大孔隙特征和大孔隙流研究[J]．水土保持学报，2003，17(4)：168-171.

[6] 吴华山，陈效民，邱琳，等．染色法测定、计算机解译农田土壤中大孔隙数量的研究[J]．水土保持学报，2006，20(3)：145-149.

[7] Jarvis N, Koestel J, Larsbo M. Understanding preferential flow in the vadose zone: Recent advances and future prospects[J]. Vadose Zone Journal, 2016, 15(12): 1-11.

[8] Wang Zhi, Wu Laosheng, Harter Thomas, et al. A field study of unstable preferen-

tial flow during soil water redistribution [J]. Water Resources Rese
(4):1075-1088.

[9] Germer K, Braun J. Macropore-Matrix water flow interaction around a vertical macropore embedded in fine sand-laboratory investigations[J]. Vadose Zone Journal, 2015,14(7):1-15.

[10] Ghodrati M, Chendorain M, Chang Y J. Characterization of macropore flow mechanisms in soil by means of split macropore column[J]. Soil Science Society of American Journal,1999(63):1093-1101.

[11] Nachabe M H. Estimating hydraulic conductivity for models of soils with macropores[J]. Journal of Irrigation and Drainage Engineer,1995(121):95-102.

[12] Wasten K M, Luxmoore R J. Estimating macroporosity in a forest watershed by use of a tension infiltrometer[J]. Soil Science Society of America Journal,1986, 50(3):578-582.

[13] Iqbal M Z, Krothe N C. Transport of bromide and other inorganic ions by infiltrating storm water beneath a farmland plot[J]. Ground Water,1996(34):972-978.

[14] 吴继强，张建丰，高瑞．大孔隙对土壤水分入渗特性影响的物理模拟试验[J]. 农业工程学报,2009,25(10):13-18.

[15] 朱磊，陈玖泓，刘德东．耦合基质区与裂隙网络的土壤优先流模型与验证[J]. 农业工程学报,2016,32(14):15-21.

[16] Akhtar M S, Richards B K, Medrano P A, et al. Dissolved phosphorus from undisturbed soil cores: related to adsorption strength, flow rate or soil structure? [J]. Soil Science Society of America Journal,2003(67):458-471.

[17] 孙龙，张洪江，程金花，等．柑橘地土壤大孔隙与优先流的关系研究[J]. 水土保持通报,2012,32(6):75-79.

[18] Wang Zhi, Lu Jianhang, Wu Laosheng. Visualizing preferential flow paths using ammonium carbonate and a pH indicator [J]. Soil Science Society of America Journal,2002,66(2):347-351.

[19] Warrick A W, Hinnell A C, Ferre T P A, et al. Steady state lateral water flow through unsaturated soil layers[J]. Water Resources Research,2008,44(8): 534-541.

[20] Allaire S E, Roulier S, Cessna A. Quantifying preferential flow in soils: a review of different techniques[J]. Journal of Hydrology,2009,378(1):179-204.

[21] Beven K, Germann P. Macropores and water flow in soil[J]. Water Resources Research, 1982, 18(5): 1311-1325.

[22] Liu H H, Bodvarsson G S, Finsterle S. A note on unsaturated flow in two-dimensional fracture networks[J]. Water Resources Research, 2002, 38(9): 1176-1181.

[23] Sutera S P, Skalak R. The history of Poiseuille's law[J]. Annual Review of Fluid Mechanics, 1993, 25(1): 1-20.